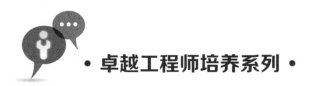

• 卓越工程师培养系列 •

电路设计与制作实用教程
——基于立创EDA

◎ 唐 浒　韦 然　主编
◎ 彭芷晴　刘宇林　副主编　◎ 汪天富　主审

电子工业出版社
Publishing House of Electronics Industry
北京·BEIJING

内 容 简 介

本书以深圳市立创电子商务有限公司的立创 EDA 设计工具为平台，以本书配套的 STM32 核心板为实践载体，介绍电路设计与制作的全过程。主要内容包括基于 STM32 核心板的电路设计与制作流程、STM32 核心板介绍、STM32 核心板程序下载与验证、STM32 核心板焊接、立创 EDA 介绍、STM32 核心板的原理图设计及 PCB 设计、创建元件库、导出生产文件以及制作电路板等。本书所有知识点均围绕着 STM32 核心板，希望读者通过对本书的学习，能够快速设计并制作出一块属于自己的电路板，同时掌握电路设计与制作过程中涉及的所有基本技能。

本书既可以作为高等院校相关专业的电路设计与制作实践课程教材，也可作为电路设计及相关行业工程技术人员的入门培训用书。

未经许可，不得以任何方式复制或抄袭本书之部分或全部内容。
版权所有，侵权必究。

图书在版编目（CIP）数据

电路设计与制作实用教程：基于立创 EDA/唐浒，韦然主编 . —北京：电子工业出版社，2019.11
ISBN 978-7-121-37597-2

Ⅰ. ①电… Ⅱ. ①唐… ②韦… Ⅲ. ①电子电路-电路设计-计算机辅助设计-高等学校-教材
Ⅳ. ①TN702.2

中国版本图书馆 CIP 数据核字（2019）第 219794 号

责任编辑：张小乐
印　　刷：保定市中画美凯印刷有限公司
装　　订：保定市中画美凯印刷有限公司
出版发行：电子工业出版社
　　　　　北京市海淀区万寿路 173 信箱　邮编 100036
开　　本：787×1 092　1/16　印张：11.25　字数：288 千字
版　　次：2019 年 11 月第 1 版
印　　次：2022 年 12 月第 14 次印刷
定　　价：39.00 元

凡所购买电子工业出版社图书有缺损问题，请向购买书店调换。若书店售缺，请与本社发行部联系，联系及邮购电话：(010) 88254888，88258888。
质量投诉请发邮件至 zlts@phei.com.cn，盗版侵权举报请发邮件至 dbqq@phei.com.cn。
本书咨询服务方式：(010) 88254462，zhxl@phei.com.cn

前　言

电路设计与制作是一项非常系统且复杂的工作，涉及原理图设计、PCB 设计、元件库制作、PCB 打样、元件采购、电路板焊接、电路板调试等技能。单个技能比较容易讲清楚，初学者也容易掌握。但是，"麻雀虽小，五脏俱全"，即使一个简单的电路板，要想完成设计与制作，都必须掌握所有这些技能，并且能将这些技能合理有效地贯穿始终。

对于初学者而言，为了设计和制作一块电路板，常用的方式就是查阅电路设计与制作的相关书籍。然而，目前许多关于电路设计与制作的书籍都按照模块的方式来讲解，且每个模块之间缺乏一定的连贯性。例如，原理图绘制部分讲解的是三极管电路，PCB 设计部分讲解的却是七段数码管电路，而生产文件导出部分讲解的又是单片机电路。这些书籍之所以这样安排，或许是希望覆盖更广泛的知识和技能，然而这样却使得内容只聚焦局部而忽略全局。此外，鲜有书籍会涉及电路板焊接、元件采购和 PCB 制作等具有较强实践性的环节。

因此，初学者在一边查阅相关书籍一边进行实际电路设计与制作的过程中，常常会出现"按下葫芦起了瓢"的现象。例如，会绘制原理图，却不知道如何将设计好的原理图导入 PCB 文件中；好不容易设计好了 PCB，却不知道如何生成丝印文件和坐标文件；生产文件有了，却又不知道发到哪家打样厂进行 PCB 打样；电路板拿到手了又对元件采购不熟悉……而且由于书中较少涉及电烙铁操作、元件焊接、电路板调试、万用表使用等方面的技能，初学者拿到电路板之后，也不知道如何下手。

据统计，全国每年约有 20% 的本科生和专科生会继续读研，约有 10% 的硕士研究生会继续读博，也就是说，绝大多数学生最终都会选择就业。为了提高高等院校的就业率和就业质量，按照企业的标准培养人才不失为一条有效途径。企业除重视实践外，还非常重视规范，但是在往常的学习过程中，诸如库规范、原理图设计规范、PCB 设计规范、生产文件规范等通常都被忽略了。

为了解决上述问题，本书将通过对 STM32 核心板程序下载与验证、元件采购、STM32 核心板焊接、STM32 核心板原理图设计及 PCB 设计、创建元件库、导出生产文件以及制作电路板等知识的讲解，让初学者在短时间内对电路设计与制作的整个过程有一个立体的认识，最终能够独立地进行简单电路的设计与制作。同时，在实训过程中，本书还对各种规范进行重点讲解。本书在编写过程中，遵循小而精的理念，只重点讲解 STM32 核心板电路设计与制作过程中使用到的技能和知识点，未涉及的内容尽量省略。

本书主要具有以下特点：

（1）本书采用立创 EDA 软件，它具有简单易用、资源共享，以及设计、采购和制造一体化的特点。

（2）以一块微控制器的核心板作为实践载体，微控制器选用 STM32F103RCT6 芯片，主要是考虑到 STM32 系列单片机是目前市面上使用最为广泛的微控制器之一，且该系列的单片机具有功耗低、外设多、基于库开发、配套资料多、开发板种类多等优势。因此，读者最终完成 STM32 核心板的设计与制作之后，还可以无缝地将其应用于后续的单片机软件设计中。

（3）用一个STM32核心板贯穿整个电路板设计与制作的过程，将所有关键技能有效、合理地串接在一起。这些技能包括元件采购、STM32核心板焊接、STM32核心板原理图设计及PCB设计、创建元件库、导出生产文件、制作电路板等。

（4）细致讲解STM32核心板电路设计与制作过程中使用到的技能，未涉及的技能几乎不予讲解。这样，初学者就可以快速掌握电路设计与制作的基本技能，并设计出一块属于自己的STM32核心板。

（5）对具有较强实践性的环节，如电路板焊接、元件采购、PCB打样、PCB贴片、工具使用、电路板调试等电路板制作环节进行详细讲解。

（6）将各种规范贯穿于整个电路板设计与制作的过程中，如工程和文件命名规范、版本规范、元件库的设计规范、BOM格式规范、生产文件规范等。

（7）配有完整的资料包，包括元件数据手册、PDF版本原理图、PPT讲义、软件、嵌入式工程、视频教程等。下载地址可关注并查看微信公众号"卓越工程师培养系列"。

鱼与熊掌不可兼得，诸如多层板电路设计、自动布局、差分对布线、电路仿真等内容均未出现在本书中，如果需要学习这些技能，建议读者查阅其他书籍或者在网上搜索相关资料。

本书的编写得到了深圳市立创电子商务有限公司杨林杰、贺定球、张银莹、吴波、杨希文、罗德松的大力支持；深圳大学的覃进宇、刘宇林、郭文波、陈旭萍和黄荣祯等做了大量的校对工作；本书的出版得到了电子工业出版社的鼎力支持，张小乐编辑为本书的顺利出版做了大量的工作，一并向他们表示衷心的感谢。本书获深圳大学教材出版资助。

由于作者水平有限，书中难免有错误和不足之处，敬请读者不吝赐教。

作　者
2019年7月

目 录

第1章 基于STM32核心板的电路设计与制作流程 ··· 1
- 1.1 什么是STM32核心板 ·· 1
- 1.2 为什么选择STM32核心板 ··· 2
- 1.3 电路设计与制作流程 ·· 3
- 1.4 本书提供的资料包 ·· 5
- 1.5 本书配套开发套件 ·· 5
- 本章任务 ·· 6
- 本章习题 ·· 7

第2章 STM32核心板介绍 ·· 8
- 2.1 STM32芯片介绍 ·· 8
- 2.2 STM32核心板电路简介 ·· 9
  - 2.2.1 通信-下载模块接口电路 ·· 9
  - 2.2.2 电源转换电路 ·· 10
  - 2.2.3 JTAG/SWD调试接口电路 ··· 10
  - 2.2.4 独立按键电路 ·· 11
  - 2.2.5 OLED显示屏接口电路 ·· 11
  - 2.2.6 晶振电路 ·· 12
  - 2.2.7 LED电路 ·· 12
  - 2.2.8 STM32微控制器电路 ·· 13
  - 2.2.9 外扩引脚 ·· 14
- 2.3 基于STM32核心板可以开展的实验 ·· 15
- 本章任务 ·· 15
- 本章习题 ·· 15

第3章 STM32核心板程序下载与验证 ·· 17
- 3.1 准备工作 ·· 17
- 3.2 将通信-下载模块连接到STM32核心板 ·· 17
- 3.3 安装CH340驱动 ·· 18
- 3.4 通过mcuisp下载程序 ·· 19
- 3.5 通过串口助手查看接收数据 ·· 20
- 3.6 查看STM32核心板工作状态 ·· 21
- 3.7 通过ST-Link下载程序 ··· 21
- 本章任务 ·· 26
- 本章习题 ·· 26

· V ·

第 4 章 STM32 核心板焊接 ·············· 27
4.1 焊接工具和材料 ·············· 27
4.2 STM32 核心板元件清单 ·············· 30
4.3 STM32 核心板焊接步骤 ·············· 32
4.4 STM32 核心板分步焊接 ·············· 33
4.5 元件焊接方法详解 ·············· 37
4.5.1 STM32F103RCT6 芯片焊接方法 ·············· 37
4.5.2 贴片电阻（电容）焊接方法 ·············· 39
4.5.3 发光二极管（LED）焊接方法 ·············· 40
4.5.4 肖特基二极管（SS210）焊接方法 ·············· 40
4.5.5 低压差线性稳压芯片（AMS1117）焊接方法 ·············· 41
4.5.6 晶振焊接方法 ·············· 42
4.5.7 贴片轻触开关焊接方法 ·············· 43
4.5.8 直插元件焊接方法 ·············· 44
本章任务 ·············· 44
本章习题 ·············· 44

第 5 章 立创 EDA 介绍 ·············· 45
5.1 立创 EDA ·············· 45
5.2 功能特点 ·············· 46
5.2.1 库文件共享 ·············· 46
5.2.2 团队管理 ·············· 46
5.2.3 工程广场 ·············· 47
5.2.4 版本管理 ·············· 48
本章任务 ·············· 48
本章习题 ·············· 48

第 6 章 STM32 核心板原理图设计 ·············· 49
6.1 原理图设计流程 ·············· 49
6.2 创建 PCB 工程 ·············· 49
6.3 新建原理图文件 ·············· 53
6.4 原理图规范化设置 ·············· 55
6.4.1 设置网格大小和栅格尺寸 ·············· 55
6.4.2 设置画布规格 ·············· 56
6.4.3 设置 Title Block ·············· 56
6.5 快捷键介绍 ·············· 58
6.6 放置元件 ·············· 59
6.7 连线 ·············· 63
6.8 原理图检查 ·············· 68
6.9 常见问题及解决方法 ·············· 70
本章任务 ·············· 71
本章习题 ·············· 72

第7章 STM32 核心板 PCB 设计

7.1 PCB 设计流程 ... 73
7.2 新建 PCB 文件 ... 73
7.3 定义 PCB 边框大小 ... 75
7.4 更新 PCB ... 77
7.5 设计规则 ... 78
7.6 层的设置 ... 80
7.6.1 层工具 ... 80
7.6.2 层管理器 ... 81
7.7 绘制定位孔 ... 83
7.8 元件的布局 ... 85
7.8.1 布局原则 ... 85
7.8.2 布局基本操作 ... 85
7.9 元件的布线 ... 90
7.9.1 布线基本操作 ... 90
7.9.2 布线注意事项 ... 92
7.9.3 STM32 核心板分步布线 ... 94
7.10 丝印 ... 101
7.10.1 添加丝印 ... 101
7.10.2 丝印的方向 ... 102
7.10.3 批量添加底层丝印 ... 102
7.10.4 STM32 核心板丝印效果图 ... 103
7.11 添加电路板信息和信息框 ... 104
7.11.1 添加电路板名称丝印 ... 104
7.11.2 添加版本信息和信息框 ... 105
7.11.3 添加 PCB 信息 ... 106
7.12 泪滴 ... 106
7.12.1 添加泪滴 ... 106
7.12.2 删除泪滴 ... 107
7.13 覆铜 ... 108
7.14 DRC 规则检查 ... 111
本章任务 ... 112
本章习题 ... 112

第8章 创建元件库

8.1 创建原理图库 ... 113
8.1.1 创建原理图库的流程 ... 113
8.1.2 新建原理图库 ... 113
8.1.3 制作电阻原理图符号 ... 114
8.1.4 制作蓝色发光二极管原理图符号 ... 117
8.1.5 制作简牛原理图符号 ... 120

  8.1.6 制作 STM32F103RCT6 芯片原理图符号 …………………………………… 123
 8.2 创建 PCB 库 ……………………………………………………………………… 130
  8.2.1 创建 PCB 封装的流程 …………………………………………………… 131
  8.2.2 新建 PCB 库 ……………………………………………………………… 131
  8.2.3 制作电阻的 PCB 封装 …………………………………………………… 131
  8.2.4 制作发光二极管的 PCB 封装 …………………………………………… 135
  8.2.5 制作简牛的 PCB 封装 …………………………………………………… 139
  8.2.6 制作 STM32F103RCT6 芯片的 PCB 封装 ……………………………… 142
 本章任务 ……………………………………………………………………………… 145
 本章习题 ……………………………………………………………………………… 145

第 9 章 导出生产文件 ……………………………………………………………… 146
 9.1 生产文件的组成 ………………………………………………………………… 146
 9.2 Gerber 文件的导出 ……………………………………………………………… 146
 9.3 BOM 的导出 ……………………………………………………………………… 148
 9.4 丝印文件的导出 ………………………………………………………………… 150
 9.5 坐标文件的导出 ………………………………………………………………… 154
 本章任务 ……………………………………………………………………………… 154
 本章习题 ……………………………………………………………………………… 154

第 10 章 制作电路板 …………………………………………………………………… 155
 10.1 PCB 打样在线下单流程 ………………………………………………………… 155
 10.2 元件在线购买流程 ……………………………………………………………… 160
 10.3 PCB 贴片在线下单流程 ………………………………………………………… 163
 10.4 嘉立创下单助手 ………………………………………………………………… 166
 本章任务 ……………………………………………………………………………… 168
 本章习题 ……………………………………………………………………………… 168

附录 STM32 核心板 PDF 版本原理图 ………………………………………………… 169

第 1 章　基于 STM32 核心板的电路设计与制作流程

电路设计与制作是每个电子相关专业，如电子信息工程、光电工程、自动化、电子科学与技术、生物医学工程、医疗器械工程等，必须掌握的技能。本章将详细介绍基于 STM32 核心板的电路设计与制作流程，让读者先对电路设计与制作的过程有一个总体的认识。由于本书在讲解电路设计与制作技能时，既包含电路设计的软件操作部分，又包含电路制作实战环节，因此，为方便读者学习和实践，本书还配套有相关的资料包和开发套件。本章的最后两节将对资料包和开发套件进行简单的介绍。

学习目标：

- 了解什么是 STM32 核心板。
- 了解 STM32 核心板的设计与制作流程。
- 熟悉本书配套资料包的构成。
- 熟悉本书配套开发套件的构成。

1.1　什么是 STM32 核心板

本书将以 STM32 核心板为载体对电路设计与制作过程进行详细讲解。那么，到底什么是 STM32 核心板？

STM32 核心板是由通信-下载模块接口电路、电源转换电路、JTAG/SWD 调试接口电路、独立按键电路、OLED 显示屏接口电路、高速外部晶振电路、低速外部晶振电路、LED 电路、STM32 微控制器电路、复位电路和外扩引脚电路组成的电路板。

STM32 核心板正面视图如图 1-1 所示，其中 J4 为通信-下载模块接口（XH-6P 母座），J8 为 JTAG/SWD 调试接口（简牛），J7 为 OLED 显示屏接口（单排 7P 母座），J6 为 BOOT0 电平选择接口（默认为不接跳线帽），RST（白头按键）为 STM32 系统复位按键，PWR（红色 LED）为电源指示灯，LED1（蓝色 LED）和 LED2（绿色 LED）为信号指示灯，KEY1、KEY2、KEY3 为普通按键（按下为低电平，释放为高电平），J1、J2、J3 为外扩引脚。

STM32 核心板背面视图如图 1-2 所示，背面除直插件的引脚名称丝印外，还印有电路板的名称、版本号、设计日期和信息框。

STM32 核心板要正常工作，还需要搭配一套 JTAG/SWD 仿真-下载器、一套通信-下载模块和一块 OLED 显示屏。仿真-下载器既能下载程序，又能进行断点调试，本书建议使用 ST 公司推出的 ST-Link 仿真-下载器。通信-下载模块主要用于计算机与 STM32 之间的串口通信，当然，该模块也可以对 STM32 进行程序下载。OLED 显示屏则用于显示参数。STM32

核心板、通信-下载模块、JTAG/SWD 仿真-下载器、OLED 显示屏的连接图如图 1-3 所示。

图 1-1　STM32 核心板正面

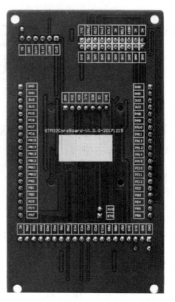

图 1-2　STM32 核心板背面

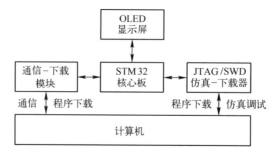

图 1-3　STM32 核心板正常工作时的连接图

1.2　为什么选择 STM32 核心板

作为电路设计与制作的载体，有很多电路板可以选择，本书选择 STM32 核心板作为载体的主要原因有以下几点。

（1）核心板包括电源电路、数字电路、下载电路、晶振电路、模拟电路、接口电路、I/O 外扩电路、简单外设电路等基本且必须掌握的电路。这符合本书"小而精"的理念，即电路虽不复杂，但基本上覆盖了各种常用的电路。

（2）STM32 系列单片机的片上资源极其丰富，又是基于库开发的，可采用 C 语言进行编程，资料非常多，性价比高，这些优点也使 STM32 系列单片机成为目前市面上最流行的微控制器之一。初学者只需要花费与学习 51 单片机基本相同的时间就能掌握比 51 单片机功能强大数倍甚至数十倍的 STM32 系列单片机。

（3）STM32F103RCT6 芯片在 STM32 系列中属于引脚数量少（只有 64 个引脚），但功能较齐全的单片机。因此，尽管引入了单片机，但初学者在学习设计与制作 STM32 核心板的过程中并不会感到难度有所增加。

（4）STM32 核心板可以完成从初级入门实验（如流水灯、按键输入），到中级实验（定时器、串口通信、ADC 采样、DAC 输出），再到复杂实验（OLED 显示、UCOS 操作系统）等至少 20 个实验。这些实验基本能够代表 STM32 单片机开发的各类实验，为初学者后续快速掌握 STM32 单片机编程技术奠定了基础。

（5）由本书作者编写的《STM32F1 开发标准教程》也是基于 STM32 核心板。因此，初学者可以直接使用自己设计和制作的 STM32 核心板，进入到 STM32 微控制器软件设计学习中，既能验证自己的核心板，又能充分利用已有资源。

1.3 电路设计与制作流程

传统的电路板设计与制作流程一般分为 8 个步骤：（1）需求分析；（2）电路仿真；（3）绘制原理图元件库；（4）绘制原理图；（5）绘制元件封装；（6）设计 PCB；（7）导出生产文件；（8）制作电路板。具体如表 1-1 所示。

表 1-1 传统电路设计与制作流程

步骤	流程	具体工作
1	需求分析	按照需求，设计一个电路原理图
2	电路仿真	使用电路仿真软件，对设计好的电路原理图的一部分或全部进行仿真，验证其功能是否正确
3	绘制原理图元件库	绘制电路中使用到的原理图元件库
4	绘制原理图	加载原理图元件库，在 PCB 设计软件中绘制原理图，并进行电气规则检查
5	绘制元件封装	绘制电路中使用到的元件的 PCB 封装库
6	设计 PCB	将原理图导入 PCB 设计环境中，对电路板进行布局和布线
7	导出生产文件	导出生产相关的文件，包括 BOM、Gerber 文件、丝印文件及坐标文件
8	制作电路板	按照导出的文件进行电路板打样、贴片或焊接，并对电路板进行验证

这种传统流程主要针对已经熟练掌握电路板设计与制作各项技能的工程师。而对于初学者来说，要完全掌握这些技能，并最终设计制作出一块电路板，不仅需要有超强的耐力坚持到最后一步，更要有严谨的作风，保证每一步都不出错。

在传统流程的基础上，本书做了如下改进：（1）不求全面覆盖，比如对需求分析和电路仿真技能不做讲解；（2）增加了焊接部分，加强实践环节，让初学者对电路理解更加深刻；（3）所有内容的讲解都聚焦于一块 STM32 核心板；（4）每一步的执行都不依赖于其他步骤，比如，第一步就能进行电路板验证，又如，原理图设计过程可以使用现成的集成库而不用自己提前制作。

这样安排的好处是，每一步都能很容易获得成功，这种成就感会激发初学者内在的兴趣，从而由兴趣引导其迈向下一步；聚焦于一块 STM32 核心板，让所有的技能都能学以致用,并最终制作出一块 STM32 核心板。

本书以 STM32 核心板为载体,将电路设计与制作分为 9 个步骤,如表 1-2 所示,下面对各流程进行详细介绍。

表1-2 本书电路设计与制作流程

步骤	流程	具体工作	章
1	STM32 核心板程序下载与验证	向 STM32 核心板下载 HEX 格式的 Demo 程序,验证本书配套的核心板是否能正常工作	第 3 章
2	准备物料和工具	准备焊接相关的工具,以及 STM32 核心板上使用到的电子元件	第 10 章
3	焊接 STM32 核心板	以本书配套的 STM32 核心板空板为目标,使用焊接工具分步焊接电子元件,边焊接边测试验证	第 4 章
4	熟悉 PCB 设计工具	熟悉立创 EDA	第 5 章
5	设计 STM32 核心板原理图	参照本书提供的 PDF 格式的 STM32 核心板电路图,在立创 EDA 中绘制 STM32 核心板原理图	第 6 章
6	设计 STM32 核心板 PCB	将原理图导入 PCB 设计环境中,对 STM32 核心板电路进行布局和布线	第 7 章
7	创建元件库	创建原理图库和 PCB 库	第 8 章
8	导出生产文件	导出生产相关的文件,包括 BOM、Gerber 文件、丝印文件及坐标文件	第 9 章
9	制作 STM32 核心板	按照导出的文件进行 STM32 核心板打样和贴片,并对电路板进行验证	第 10 章

1. STM32 核心板程序下载与验证

这一步要求将开发套件中的 STM32 核心板、通信-下载模块、OLED 显示屏、USB 线、XH-6A 双端线等连接起来,并在计算机上使用 mcuisp 软件,将 HEX 文件下载到 STM32F103RCT6 芯片的 Flash 中,检查 STM32 核心板是否能够正常工作。通过这一流程可快速了解 STM32 核心板的构成及其基本工作方式。

2. 准备物料和工具

根据物料清单(也称 BOM)准备相应的元件,根据工具清单准备相应的焊接工具,如电烙铁、万用表、焊锡、镊子和松香等①。通过准备物料和工具,可初步认识元件以及各种焊接工具和材料。

3. 焊接 STM32 核心板

利用开发套件提供的 3 块空电路板,以及第 2 步准备的物料和焊接工具,按照说明将元件焊接到电路板上,边焊接边调试,可将第 1 步中连通的 STM32 核心板作为参考。通过这一步操作的训练,读者应掌握电路板焊接技能,熟练掌握电烙铁、镊子和万用表的使用。

4. 熟悉 PCB 设计工具

本书使用立创 EDA 作为 PCB 设计工具,熟悉立创 EDA 的使用方法。

5. 设计 STM32 核心板原理图

使用立创 EDA 的元件库,参照 STM32 核心板原理图(参见本书资料包中的 PDFSchDoc 文件夹),使用立创 EDA 绘制 STM32 核心板的原理图。

---

① 这些物料和焊接工具,读者可以根据提供的清单自行采购,也可以通过微信公众号"卓越工程师培养系列"提供的链接进行打包采购。

6. 设计 STM32 核心板 PCB

首先将 STM32 核心板原理图导入 PCB 设计环境中，然后对 STM32 核心板进行布局和布线。

7. 创建元件库

创建元件库包括创建原理图库和 PCB 库。

8. 导出生产文件

通过立创 EDA 导出 PCB 生产文件，包括 BOM、Gerber 文件、丝印文件及坐标文件等。

9. 制作 STM32 核心板

STM32 核心板的制作包括 PCB 打样和贴片，可通过 PCB 加工企业的网站进行网上 PCB 打样下单以及贴片下单。

1.4 本书提供的资料包

本书配套资料包名称为"《电路设计与制作实用教程——基于立创 EDA》资料包"（可以通过微信公众号"卓越工程师培养系列"提供的链接进行下载）。

资料包由若干个文件夹组成，如表 1-3 所示。

表 1-3 本书提供的资料包清单

序 号	文件夹名	文件夹介绍
1	Datasheet	存放了 STM32 核心板所使用到的元件的数据手册，便于读者进行查阅
2	PDFSchDoc	存放了 STM32 核心板的 PDF 版本原理图
3	PPT	存放了各章的 PPT 讲义
4	ProjectStepByStep	存放了布线过程中各个关键步骤的 PCB 工程彩色图片
5	Software	存放了本书中使用到的软件，如 mcuisp、SSCOM，以及驱动软件，如 CH340 驱动软件、ST-Link 驱动软件
6	STM32KeilProject	存放了 STM32 核心板的嵌入式工程，基于 MDK 软件
7	Video	存放了本书配套的视频教程
8	RealTimeFiles	存放了实时更新的资料

1.5 本书配套开发套件

本书配套的 STM32 核心板开发套件（可以通过微信公众号"卓越工程师培养系列"提供的链接获得）由基础包、物料包、工具包组成。其中基础包包括 1 个通信-下载模块、1 块 STM32 核心板、2 条 Mini-USB 线、1 条 XH-6P 双端线、1 个 ST-Link 调试器、1 条 20P 灰排线、3 块 STM32 核心板的 PCB 空板，物料包有 3 套，工具包包括电烙铁、镊子、焊锡、万用表、松香、吸锡带，如表 1-4 所示。

表 1-4　STM32 开发套件物品清单

序号	物品名称	物品图片	数量	单位	备注
1	通信-下载模块		1	个	用于单片机程序下载、单片机与计算机之间通信
2	STM32 核心板		1	块	电路设计与制作的最终实物，用于作为设计过程中的参考
3	Mini-USB 线		2	条	一条连接通信-下载模块，一条连接 ST-Link 调试器
4	XH-6P 双端线		1	条	一端连接通信-下载模块，一端连接 STM32 核心板
5	ST-Link 调试器		1	个	用于单片机的程序下载和调试
6	20P 灰排线		1	条	一端连接 ST-Link 调试器，一端连接 STM32 核心板
7	PCB 空板		3	块	用于焊接训练
8	物料包		3	套	用于焊接训练
9	电烙铁		1	套	用于焊接训练

第 1 章 基于 STM32 核心板的电路设计与制作流程

续表

序号	物品名称	物品图片	数量	单位	备注
10	镊子		1	个	用于焊接训练
11	焊锡		1	卷	用于焊接训练
12	万用表		1	台	用于进行焊接过程中的各项测试
13	松香		1	盒	用于焊接训练
14	吸锡带		1	卷	用于焊接训练

本章任务

学习完本章后，要求熟悉 STM32 核心板的电路设计与制作流程，并下载本书配套的资料包，准备好配套的开发套件。

****

本章习题

1. 什么是 STM32 核心板？
2. 简述传统的电路设计与制作流程。
3. 简述本书提出的电路设计与制作流程。
4. 通信-下载模块的作用是什么？
5. JTAG/SWD 仿真-下载器的作用是什么？
6. 焊接电路板的工具都有哪些？简述每种工具的功能。

第 2 章　STM32 核心板介绍

第 1 章介绍了 STM32 核心板的设计与制作流程。本章进一步讲解 STM32 核心板的各个电路模块，并简要介绍可以在 STM32 核心板上开展的实验，从而使得读者完成电路板的设计与制作之后，既能方便地继续学习 STM32 单片机，还可以对 STM32 核心板进行深层次的验证。

学习目标：

- 了解什么是 STM32 芯片。
- 了解 STM32 核心板的各个电路模块。

2.1　STM32 芯片介绍

在微控制器选型中，工程师常常会陷入这样一个困局：一方面抱怨 8 位/16 位单片机有限的指令和性能，另一方面抱怨 32 位处理器的高成本和高功耗。能否有效地解决这个问题，让工程师不必在性能、成本、功耗等因素中做出取舍和折中？

基于 ARM 公司 2006 年推出的 Cortex-M3 内核，ST 公司于 2007 年推出的 STM32 系列单片机很好地解决了上述问题。因为 Cortex-M3 内核的计算能力是 1.25DMIPS/MHz，而 ARM7TDMI 只有 0.95DMIPS/MHz。而且 STM32 单片机拥有 1μs 的双 12 位 ADC、4Mbit/s 的 UART、18Mbit/s 的 SPI、18MHz 的 I/O 翻转速度，更重要的是，STM32 单片机在 72MHz 工作时功耗只有 36mA（所有外设处于工作状态），而待机时功耗只有 2μA。[①]

由于 STM32 单片机拥有丰富的外设、强大的开发工具、易于上手的固件库，在 32 位微控制器选型中，STM32 单片机已经成为许多工程师的首选。据统计，从 2007 年到 2016 年，STM32 单片机出货量累计 20 亿颗，十年间 ST 公司在中国的市场份额从 2% 增长到 14%。iSuppli 的 2016 年下半年市场报告显示，STM32 单片机在中国 Cortex-M 市场的份额占到 45.8%。

尽管 STM32 单片机已经推出十余年，但它依然是市场上 32 位单片机的首选，而且经过十余年的积累，各种开发资料都非常完善，这也降低了初学者的学习难度。因此，本书选用 STM32 单片机作为载体，核心板上的主控芯片就是封装为 LQFP64 的 STM32F103RCT6 芯片，最高主频可达 72MHz。

STM32F103RCT6 芯片拥有的资源包括 48KB SRAM、256KB Flash、1 个 FSMC 接口、1 个 NVIC、1 个 EXTI（支持 19 个外部中断/事件请求）、2 个 DMA（支持 12 个通道）、1 个 RTC、2 个 16 位基本定时器、4 个 16 位通用定时器、2 个 16 位高级定时器、1 个独立看门

---

① 通常 STM32 单片机工作在一定电压（5V）下，可用电流的大小表示其功耗。

狗、1 个窗口看门狗、1 个 24 位 SysTick、2 个 I²C、5 个串口（包括 3 个同步串口和 2 个异步串口）、3 个 SPI、2 个 I²S（与 SPI2 和 SPI3 复用）、1 个 SDIO 接口、1 个 CAN 总线接口、1 个 USB 接口、51 个通用 I/O 接口、3 个 12 位 ADC（可测量 16 个外部和 2 个内部信号源）、2 个 12 位 DAC、1 个内置温度传感器、1 个串行 JTAG 调试接口。

STM32 系列单片机可以开发各种产品，如智能小车、无人机、电子体温枪、电子血压计、血糖仪、胎心多普勒、监护仪、呼吸机、智能楼宇控制系统、汽车控制系统等。

2.2　STM32 核心板电路简介

本节将详细介绍 STM32 核心板的各电路模块，以便读者更好地理解后续原理图设计和 PCB 设计的内容。

2.2.1　通信-下载模块接口电路

工程师编写完程序后，需要通过通信-下载模块将 .hex（或 .bin）文件下载到 STM32 中。通信-下载模块向上与计算机连接，向下与 STM32 核心板连接，通过计算机上的 STM32 下载工具（如 mcuisp 软件），就可以将程序下载到 STM32 中。通信-下载模块除具备程序下载功能外，还担任着"通信员"的角色，即可以通过通信-下载模块实现计算机与 STM32 之间的通信。此外，通信-下载模块还为 STM32 核心板提供 5V 电压。需要注意的是，通信-下载模块既可以输出 5V 电压，也可以输出 3.3V 电压，本书中的实验均要求在 5V 电压环境下实现，因此，**在连接通信-下载模块与 STM32 时，需要将通信-下载模块的电源输出开关拨到 5V 挡位。**

STM32 核心板通过一个 XH-6A 的底座连接到通信-下载模块，通信-下载模块再通过 USB 线连接到计算机的 USB 接口，通信-下载模块接口电路如图 2-1 所示。STM32 核心板只要通过通信-下载模块连接到计算机，标识为 PWR 的红色 LED 就会处于点亮状态。R9 电阻起到限流的作用，防止红色 LED 被烧坏。

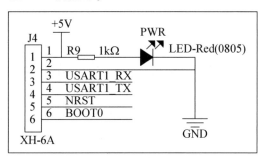

图 2-1　通信-下载模块接口电路①

由图 2-1 可以看出，通信-下载模块接口电路总共有 6 个引脚，引脚说明如表 2-1 所示。

---

①　书中采用的模块电路图截取自附录中的原理图，为了方便读者操作，全书保持一致，其中部分元件符号与国标有出入，特此说明。

表 2-1 通信-下载模块接口电路引脚说明

引脚序号	引脚名称	引脚说明	备注
1	VCC_IN	电源输入	5V 供电，为 STM32 核心板提供电源
2	GND	接地	
3	USART1_RX	STM32 的 USART1 接收端	连接通信-下载模块的发送端
4	USART1_TX	STM32 的 USART1 发送端	连接通信-下载模块的接收端
5	NRST	STM32 复位	
6	BOOT0	启动模式选择 BOOT0	STM32 核心板 BOOT1 固定为低电平

2.2.2 电源转换电路

图 2-2 所示为 STM32 核心板的电源转换电路，将 5V 输入电压转换为 3.3V 输出电压。通信-下载模块的 5V 电源与 STM32 核心板电路的 5V 电源网络相连接，二极管 D1（SS210）的功能是防止 STM32 核心板向通信-下载模块反向供电，二极管上会产生约 0.4V 的正向电压差，因此，低压差线性稳压电源 U2（AMS1117-3.3）的输入端（In）的电压并非为 5V，而是 4.6V 左右。经过低压差线性稳压电源的降压，在 U2 的输出端（Out）产生 3.3V 的电压。为了调试方便，在电源转换电路上设计了 3 个测试点，分别是 5V、3V3 和 GND。

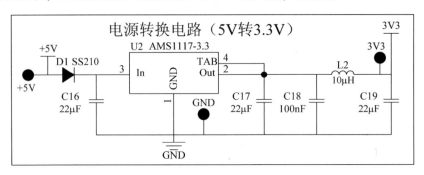

图 2-2 电源转换电路

2.2.3 JTAG/SWD 调试接口电路

除了可以使用上述通信-下载模块下载程序，还可以使用 JLINK 或 ST-Link 进行程序下载。JLINK 和 ST-Link 不仅可以下载程序，还可以对 STM32 微控制器进行在线调试。图 2-3 所示是 STM32 核心板的 JTAG/SWD 调试接口电路，这里采用了标准的 JTAG 接法，这种接法兼容 SWD 接口，因为 SWD 接口只需要 4 根线（SWCLK、SWDIO、VCC 和 GND）。需要注意的是，该接口电路为 JLINK 或 ST-Link 提供 3.3V 的电源，因此，不能通过 JLINK 或 ST-Link 向 STM32 核心板供电，而是通过 STM32 核心板向 JLINK 或 ST-Link 供电。

由于 SWD 只需要 4 根线，因此，在进行产品设计时，建议使用 SWD 接口，摒弃 JTAG 接口，这样就可以节省很多接口。尽管 JLINK 和 ST-Link 都可以下载程序，而且还能进行在线调试，但是无法实现 STM32 微控制器与计算机之间的通信。因此，在设计产品时，除了保留 SWD 接口，还建议保留通信-下载接口。

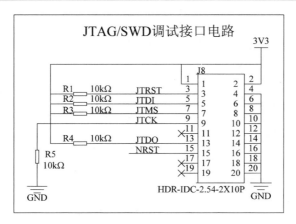

图 2-3 JTAG/SWD 调试接口电路

2.2.4 独立按键电路

STM32 核心板上有 3 个独立按键,分别是 KEY1、KEY2 和 KEY3,其原理图如图 2-4 所示。每个按键都与一个电容并联,且通过一个 10kΩ 电阻连接到 3.3V 电源网络。按键未按下时,输入到 STM32 微控制器的电压为高电平,按键按下时,输入到 STM32 微控制器的电压为低电平。Key1、Key2 和 Key3 分别连接到 STM32F103RCT6 芯片的 PC1、PC2 和 PA0 引脚上。

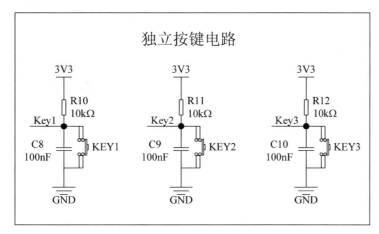

图 2-4 独立按键电路

2.2.5 OLED 显示屏接口电路

本书所使用的 STM32 核心板,除了可以通过通信-下载模块在计算机上显示数据,还可以通过板载 OLED 显示屏接口电路外接一个 OLED 显示屏进行数据显示,图 2-5 所示即为 OLED 显示屏接口电路,该接口电路为 OLED 显示屏提供 3.3V 的电源。

OLED 显示屏接口电路的引脚说明如表 2-2 所示,其中 OLED_DIN(SPI2_MOSI)、OLED_SCK(SPI2_SCK)、OLED_DC(PC3)、OLED_RES(SPI2_MISO)和 OLED_CS(SPI2_NSS)分别连接在 STM32F103RCT6 的 PB15、PB13、PC3、PB14 和 PB12 引脚上。

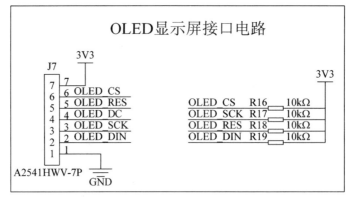

图 2-5　OLED 显示接口电路

表 2-2　OLED 显示屏接口电路引脚说明

引脚序号	引脚名称	引脚说明	备注
1	GND	接地	
2	OLED_DIN（SPI2_MOSI）	OLED 串行数据线	
3	OLED_SCK（SPI2_SCK）	OLED 串行时钟线	
4	OLED_DC（PC3）	OLED 命令/数据标志	0—命令；1—数据
5	OLED_RES（SPI2_MISO）	OLED 硬复位	
6	OLED_CS（SPI2_NSS）	OLED 片选信号	
7	VCC（3.3V）	电源输出	为 OLED 显示屏提供电源

说明：括号中为对应的单片机引脚名称。

2.2.6　晶振电路

STM32 微控制器具有非常强大的时钟系统，除了内置高精度和低精度的时钟系统，还可以通过外接晶振，为 STM32 微控制器提供高精度和低精度的时钟系统。图 2-6 所示为外接晶振电路，其中 Y1 为 8MHz 晶振，连接时钟系统的 HSE（外部高速时钟），Y2 为 32.768kHz 晶振，连接时钟系统的 LSE（外部低速时钟）。

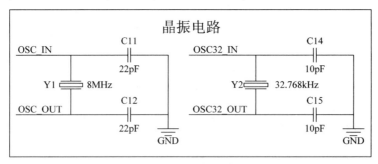

图 2-6　晶振电路

2.2.7　LED 电路

除了标识为 PWR 的电源指示 LED，STM32 核心板上还有两个 LED，如图 2-7 所示。LED1 为蓝色，LED2 为绿色，每个 LED 分别与一个 330Ω 电阻串联后连接到 STM32F103RCT6 芯片的引脚上，在 LED 电路中，电阻起着分压限流的作用。Led1 和 Led2

分别连接到STM32F103RCT6芯片的PC4和PC5引脚上。

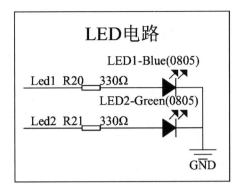

图 2-7 LED 电路

2.2.8 STM32 微控制器电路

图 2-8 所示的STM32 微控制器电路是STM32 核心板的核心部分，由STM32 滤波电路、STM32 微控制器、复位电路、启动模式选择电路组成。

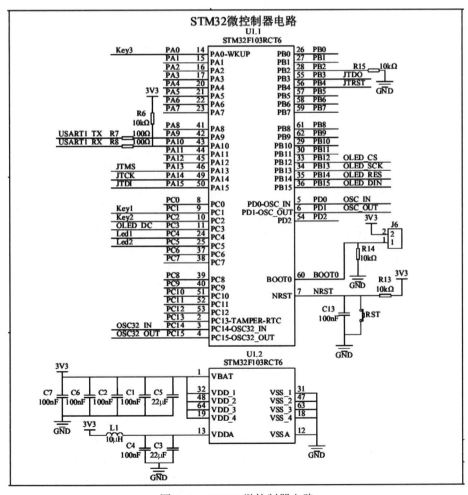

图 2-8 STM32 微控制器电路

电源网络一般都会有高频噪声和低频噪声，而大电容对低频有较好的滤波效果，小电容对高频有较好的滤波效果。STM32F103RCT6 芯片有 4 组数字电源-地引脚，分别是 VDD_1、VDD_2、VDD_3、VDD_4、VSS_1、VSS_2、VSS_3、VSS_4，还有一组模拟电源-地引脚，即 VDDA、VSSA。C1、C2、C6、C7 这 4 个电容用于滤除数字电源引脚上的高频噪声，C5 用于滤除数字电源引脚上的低频噪声，C4 用于滤除模拟电源引脚上的高频噪声，C3 用于滤除模拟电源引脚上的低频噪声。为了达到良好的滤波效果，还需要在进行 PCB 布局时，尽可能将这些电容摆放在对应的电源-地回路之间，且布线越短越好。

NRST 引脚通过一个 10kΩ 电阻连接 3.3V 电源网络，因此，用于复位的引脚在默认状态下是高电平，只有当复位按键按下时，NRST 引脚为低电平，STM32F103RCT6 芯片才进行一次系统复位。

BOOT0 引脚（60 号引脚）、BOOT1 引脚（28 号引脚）为 STM32F103RCT6 芯片启动模块选择接口，当 BOOT0 为低电平时，系统从内部 Flash 启动。因此，默认情况下，J6 跳线不需要连接。

2.2.9 外扩引脚

STM32 核心板上的 STM32F103RCT6 芯片总共有 51 个通用 I/O 接口，分别是 PA0~15、PB0~15、PC0~15、PD0~2。其中，PC14、PC15 连接外部的 32.768kHz 晶振，PD0、PD1 连接外部的 8MHz 晶振，除了这 4 个引脚，STM32 核心板通过 J1、J2、J3 共 3 组排针引出其余 47 个通用 I/O 接口。外扩引脚电路图如图 2-9 所示。

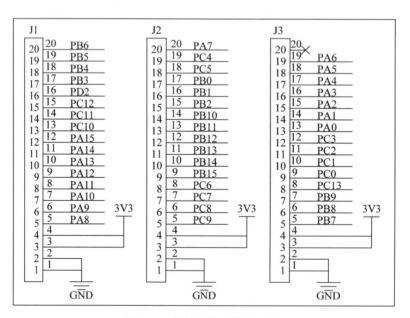

图 2-9 外扩引脚电路原理图

读者可以通过这 3 组排针，自由扩展外设。此外，J1、J2、J3 这 3 组排针分别还包括 2 组 3.3V 电源和接地（GND），这样就可以直接通过 STM32 核心板对外设进行供电，大大降低了系统的复杂度。因此，利用这 3 组排针，可以将 STM32 核心板的功能发挥到极致。

2.3 基于 STM32 核心板可以开展的实验

基于 STM32 核心板可以开展的实验非常丰富,这里仅列出具有代表性的 22 个实验,如表 2-3 所示。

表 2-3 STM32 核心板可开展的部分实验清单

序 号	实验名称	序 号	实验名称
1	流水灯实验	12	OLED 显示实验
2	按键输入实验	13	RTC 实时时钟实验
3	串口实验	14	ADC 实验
4	外部中断实验	15	DAC 实验
5	独立看门狗实验	16	DMA 实验
6	窗口看门狗实验	17	I^2C 实验
7	定时器中断实验	18	SPI 实验
8	PWM 输出实验	19	内部 Flash 实验
9	输入捕获实验	20	操作系统系列实验
10	内部温度检测实验	21	内存管理实验
11	待机唤醒实验	22	调试助手实验

本章任务

完成本章的学习后,应重点掌握 STM32 核心板的电路原理,以及每个模块的功能。

****

本章习题

1. 简述 STM32 与 ST 公司和 ARM 公司的关系。
2. 通信-下载模块接口电路中使用了一个红色 LED(PWR)作为电源指示,请问如何通过万用表检测 LED 的正、负端?
3. 通信-下载模块接口电路中的电阻(R9)有什么作用?该电阻阻值的选取标准是什么?
4. 电源转换电路中的 5V 电源网络能否使用 3.3V 电压?请解释原因。
5. 电源转换电路中,二极管上的压差为什么不是一个固定值?这个压差的变化有什么规律?请结合 SS210 的数据手册进行解释。

6. 什么是低压差线性稳压电源？请结合 AMS1117-3.3 的数据手册，简述低压差线性稳压电源的特点。

7. 低压差线性稳压电源的输入端和输出端均有电容（C16、C17、C18），请问这些电容的作用是什么？

8. 电路板上的测试点有什么作用？哪些位置需要添加测试点？请举例说明。

9. 电源转换电路中的电感（L2）和电容（C19）有什么作用？

10. 独立按键电路中的电容有什么作用？

11. 独立按键电路为什么要通过一个电阻连接 3.3V 电源网络？为什么不直接连接 3.3V 电源网络？

第3章 STM32 核心板程序下载与验证

本章介绍 STM32 核心板的程序下载与验证，也就是先将 STM32 核心板连接到计算机上，通过软件向 STM32 核心板下载程序，观察 STM32 核心板的工作状态。传统的电路设计流程是：先进行电路板设计，然后制作，最后才是电路板验证。考虑到本书主要针对初学者，因此，将传统流程颠倒过来，先验证电路板，然后焊接，最后介绍如何设计电路板。这样做的好处是让初学者开门见山，手中先有一个样板，在后续的焊接和电路设计环节就能够进行参考对照，以便能够快速掌握电路设计与制作的各项技能。

学习目标：

➢ 掌握通过通信-下载模块对 STM32 核心板进行程序下载的方法。
➢ 掌握通过 ST-Link 对 STM32 核心板进行程序下载的方法。
➢ 了解 STM32 核心板的工作原理。

3.1　准备工作

在进行 STM32 核心板程序下载与验证之前，先确认 STM32 核心板套件是否完整。STM32 核心板开发套件由基础包、物料包、工具包组成，具体详见 1.5 节。

3.2　将通信-下载模块连接到 STM32 核心板

首先，取出开发套件中的通信-下载模块、STM32 核心板（将 OLED 显示屏插在 STM32 核心板的 J7 母座上）、1 条 Mini-USB 线、1 条 XH-6P 双端线。将 Mini-USB 线的公口（B 型插头）连接到通信-下载模块的 USB 接口，再将 XH-6P 双端线连接到通信-下载模块的白色 XH-6P 底座上。然后将 XH-6P 双端线接在 STM32 核心板的 J4 底座上，如图 3-1 所示。最后将 Mini-USB 线的公口（A 型插头）插在计算机的 USB 接口上。

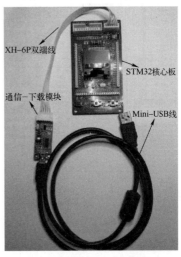

图 3-1　STM32 核心板连接实物图
（仅含通信-下载模块）

3.3 安装 CH340 驱动

接下来，安装通信-下载模块驱动。在本书资料包的 Software 目录下找到"CH340 驱动（USB 串口驱动）_XP_WIN7 共用"文件夹，双击运行 SETUP.EXE，单击"安装"按钮，在弹出的 DriverSetup 对话框中单击"确定"按钮，即安装完成，如图 3-2 所示。

图 3-2 安装通信-下载模块驱动

驱动安装成功后，将通信-下载模块通过 USB 线连接到计算机，然后在计算机的设备管理器里面找到 USB 串口，如图 3-3 所示。注意，串口号不一定是 COM4，每台计算机可能会不同。

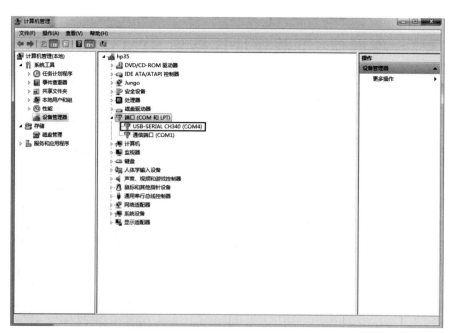

图 3-3 计算机设备管理器中显示 USB 串口信息

3.4 通过 mcuisp 下载程序

在 Software 目录下找到并双击 mcuisp 软件，在图 3-4 所示的菜单栏中单击"搜索串口（X）"按钮，在弹出的下拉菜单中选择"COM4：空闲 USB-SERIAL CH340"（再次提示，不一定是 COM4，每台机器的 COM 编号可能会不同），如果显示"占用"，则尝试重新插拔通信-下载模块，直到显示"空闲"字样。

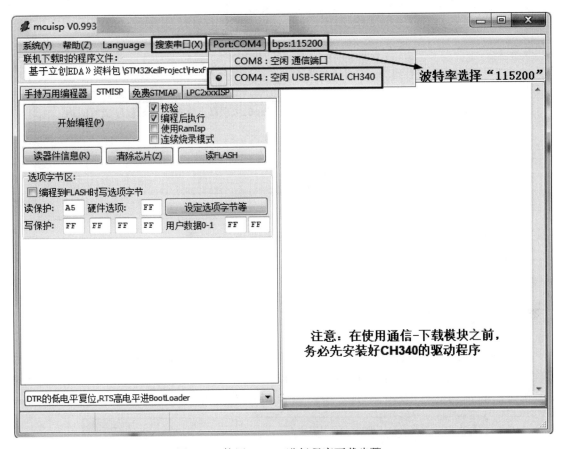

图 3-4 使用 mcuisp 进行程序下载步骤一

如图 3-5 所示，首先定位 .hex 文件所在的路径，即在本书配套资料包中的 STM32Keil Project\HexFile 目录下，找到 STM32KeilPrj.hex 文件。然后勾选"编程前重装文件"项，再勾选"校验"项和"编程后执行"项，选择"DTR 的低电平复位，RTS 高电平进 BootLoader"，单击"开始编程（P）"按钮，出现"成功写入选项字节，www.mcuisp.com 向您报告，命令执行完毕，一切正常"表示程序下载成功。

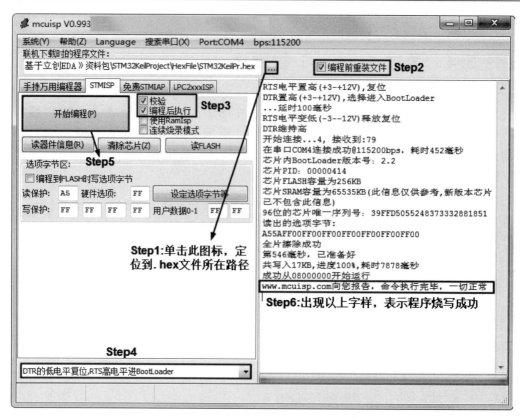

图 3-5　使用 mcuisp 进行程序下载步骤二

3.5　通过串口助手查看接收数据

在 Software 目录下找到并双击"运行串口助手"软件（sscom42.exe），如图 3-6 所示。选择正确的串口号，与 mcuisp 串口号一致，将波特率改为"115200"，然后单击"打开串口"按钮，取消勾选"HEX 显示"项，当窗口中每隔 1s 弹出"This is a STM32 demo

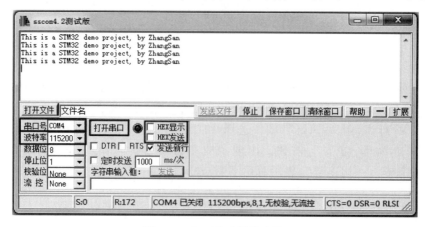

图 3-6　串口助手操作步骤

project,by ZhangSan"时,表示成功。注意,实验完成后,先单击"关闭串口"按钮将串口关闭,再关闭 STM32 核心板的电源。

3.6 查看 STM32 核心板工作状态

此时可以观察到 STM32 核心板上电源指示灯(红色)正常显示,蓝色 LED 和绿色 LED 交替闪烁,而且 OLED 显示屏上的日期和时间正常运行,如图 3-7 所示。

图 3-7 STM32 核心板上正常工作状态示意图

3.7 通过 ST-Link 下载程序

从开发套件中再取出 1 个 ST-Link 调试器、1 条 Mini-USB 线,1 条 20P 灰排线。在前面连接的基础上,将 Mini-USB 线的公口(B 型插头)连接到 ST-Link 调试器;将 20P 灰排线的一端连接到 ST-Link 调试器,将另一端连接到 STM32 核心板的 JTAG/SWD 调试接口(编号为 J8)。最后将两条 Mini-USB 线的公口(A 型插头)均连接到计算机的 USB 接口,如图 3-8 所示。

在 Software 目录下找到并打开"ST-LINK 驱动"文件夹,找到应用程序 dpinst_amd64 和 dpinst_x86。双击 dpinst_amd64 即可安装,如果提示错误,可以先将 dpinst_amd64 卸载,然后双击安装 dpinst_x86,(注意,dpinst 仅安装一个即可)如图 3-9 所示。

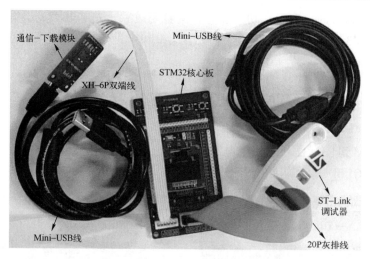

图 3-8　STM32 核心板连接实物图（含 ST-Link 调试器和通信-下载模块）

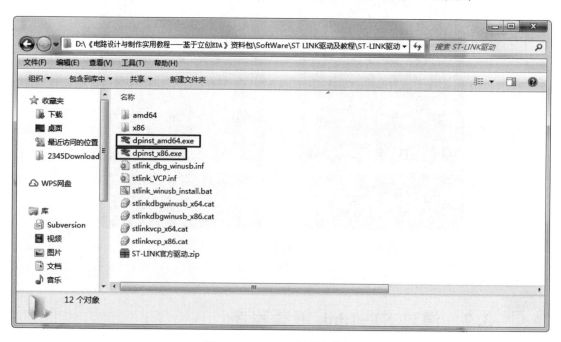

图 3-9　ST-Link 驱动安装包

ST-Link 驱动安装成功后，可以在设备管理器中看到 STMicroelectronics STLink dongle，如图 3-10 所示。

打开 Keil μVision5 软件[①]，如图 3-11 所示，单击 Options for Target 按钮，进入设置界面。

---

① 在此步骤之前，首先确保计算机上已安装 Keil μVision5 软件。这里推荐使用 MDK5.20 版本，安装完成后，还需安装 Keil.STM32F1xx_DFP.2.1.0 软件包。以上软件和软件包及其安装方法可以通过微信公众号"卓越工程师培养系列"下载。打开"D:\《电路设计与制作实用教程——基于立创 EDA》资料包\STM32KeilProject\STM32KeilPrj\Project"，双击并运行 STM32KeilPrj.uvprojx。

第 3 章 STM32 核心板程序下载与验证

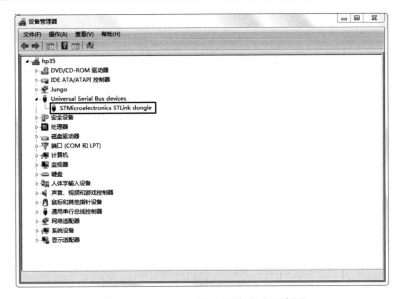

图 3-10 ST-Link 驱动安装成功示意图

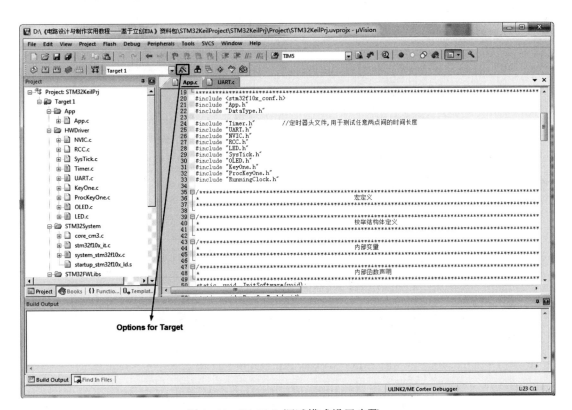

图 3-11 ST-Link 调试模式设置步骤一

如图 3-12 所示,在弹出的 Options for Target 'Target1' 对话框中的 Debug 标签页中,在 Use 下拉菜单中选择 ST-Link Debugger,然后单击 Settings 按钮。

如图 3-13 所示,在弹出的 Cortex-M Target Driver Setup 对话框中的 Debug 标签页中,在 ort 下拉菜单中选择 SW,在 Max 下拉菜单中选择 1.8MHz,最后单击"确定"按钮。

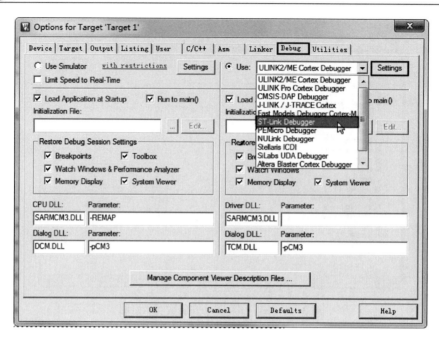

图 3-12 ST-Link 调试模式设置步骤二

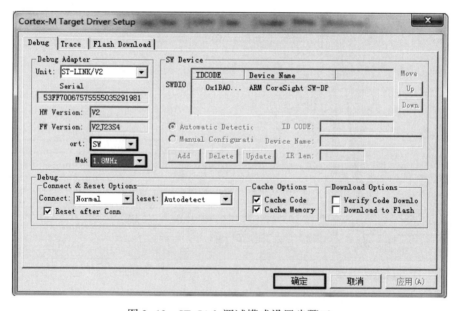

图 3-13 ST-Link 调试模式设置步骤三

如图 3-14 所示，在 Options for Target 'Target 1' 对话框中，打开 Utilities 标签页，勾选 Use Debug Driver 和 Update Target before Debugging 项，最后单击 OK 按钮。

ST-Link 调试模式设置完成后，在如图 3-15 所示的界面中，单击 Download 按钮，将程序下载到 STM32 单片机，下载成功后，在 Bulid Output 面板中将出现如图 3-15 所示的字样，表明程序已经通过 ST-Link 调试器成功并下载到 STM32 单片机中。

第 3 章　STM32 核心板程序下载与验证

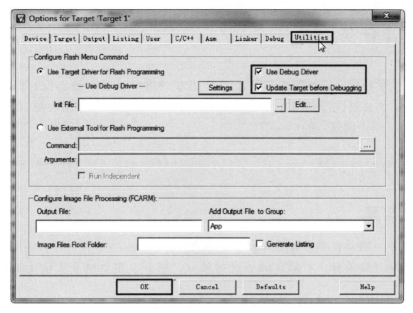

图 3-14　ST-Link 调试模式设置步骤四

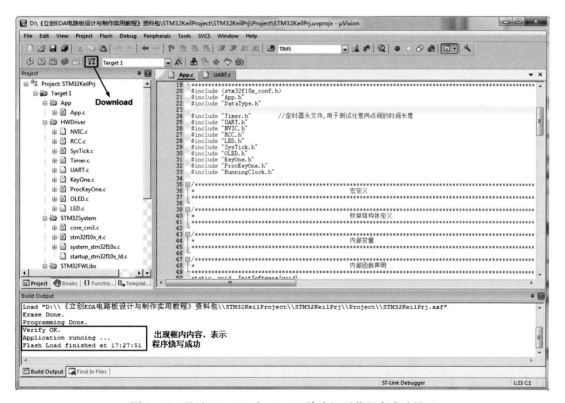

图 3-15　通过 ST-Link 向 STM32 单片机下载程序成功界面

本章任务

完成本章的学习后,应能熟练使用通信-下载模块进行 STM32 核心板的程序下载,能熟练使用 ST-Link 仿真器进行 STM32 核心板的程序下载,并能够用万用表测试 STM32 核心板上的 5V 和 3.3V 两个测试点的电压值。

****

 **本章习题**

1. 什么是串口驱动?为什么要安装串口驱动?
2. 通过查询网络资料,对串口编号进行修改,例如,串口编号默认是 COM1,将其改为 COM4。
3. ST-Link 除了可以下载程序,还有哪些其他功能?

第 4 章 STM32 核心板焊接

第 3 章讲解了 STM32 核心板的程序下载与验证，让读者对 STM32 核心板的工作原理有了初步的认识，本章将介绍 STM32 核心板的焊接。在焊接前，首先要准备好所需要的工具和材料、各种电子元件和 STM32 核心板空板。本书将焊接的过程分为五个步骤，每个步骤都有严格的要求和焊接完成的验证标准，而且可以与第 3 章验证过的 STM32 核心板进行对比。通过本章的学习和实践，读者将掌握焊接 STM32 核心板的技能，以及万用表的简单操作。

学习目标：

- 能够根据焊接工具和材料清单准备焊接 STM32 核心板所需的工具和材料。
- 能够根据 BOM 准备 STM32 核心板所需的元件。
- 按照分步焊接和测试的方法，焊接至少一块 STM32 核心板，并验证通过。
- 掌握万用表的使用方法，能够进行电压、电流和电阻等的测量。

4.1 焊接工具和材料

大多数介绍电路设计与制作的书籍，通常都是按照软件介绍与安装、原理图设计、PCB设计、电路板打样、焊接调试的顺序进行讲解。本书将焊接调试调整到原理图设计和 PCB 设计前，这种安排有几个好处：（1）快速焊接并调试成功一块电路板，可以迅速建立初学者的自信心，自信心演变成兴趣，兴趣又会吸引初学者进入原理图和 PCB 设计环节；（2）电路板实物中的电路比 PCB 设计软件中的电路更加形象、逼真，如电路板尺寸、元件结构、元件间距、焊盘大小、焊盘间距、丝印尺寸等，通过实物焊接，初学者对这些概念的理解将更加深刻，从而在学习原理图和 PCB 设计环节就更容易上手；（3）在焊接过程中，通过实训可对各种焊接工具，如电烙铁、焊锡、松香、镊子，有更加深刻的认识。当然，焊接之前先要准备好焊接所需的工具和材料，如表 4-1 所示，下面简要介绍。

表 4-1 焊接工具和材料清单

编号	物品名称	图片	数量	单位	编号	物品名称	图片	数量	单位
1	电烙铁		1	套	2	焊锡		1	卷

续表

编号	物品名称	图片	数量	单位	编号	物品名称	图片	数量	单位
3	松香		1	盒	5	万用表		1	台
4	镊子		1	个	6	吸锡带		1	卷

1. 电烙铁

电烙铁有很多种，常用的有内热式、外热式、恒温式和吸锡式。为了方便携带，建议使用内热式电烙铁。此外，还需要有烙铁架和海绵，烙铁架用于放置电烙铁，海绵用于擦拭烙铁锡渣，海绵不应太湿或太干，应手挤海绵直至不滴水为宜。

电烙铁常用的烙铁头有四种，分别是刀头、一字形、马蹄形、尖头，如图 4-1 所示。本书建议初学者直接使用刀头，因为 STM32 核心板上的绝大多数元件都是贴片封装的，刀头适用于焊接多引脚器件以及需要拖焊的场合，这对于焊接 STM32 芯片及排针非常适合。刀头在焊接贴片电阻、电容、电感时也非常方便。

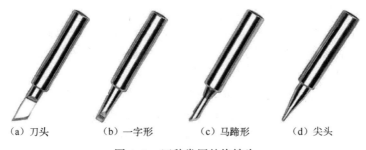

(a) 刀头　　　(b) 一字形　　　(c) 马蹄形　　　(d) 尖头

图 4-1　四种常用的烙铁头

(1) 电烙铁的使用方法

① 先接上电源，数分钟后待烙铁头的温度升至焊锡熔点时，蘸上助焊剂（松香），然后用烙铁头刃面接触焊锡丝，使烙铁头上均匀地镀上一层锡（亮亮的、薄薄的就可以）。这样做，便于焊接并防止烙铁头表面氧化。没有蘸上锡的烙铁头，焊接时不容易上锡。

② 进行普通焊接时，一手拿烙铁，一手拿焊锡丝，靠近根部，两头轻轻一碰，一个焊点就形成了。

③ 焊接时间不宜过长，否则容易烫坏元件，必要时可用镊子夹住引脚帮助散热。

④ 焊接完成后，一定要断开电源，等电烙铁冷却后再收起来。

(2) 电烙铁使用注意事项

① 使用前认真检查烙铁头是否松动。

② 使用时不能用力敲击，烙铁头上焊锡过多时用湿海绵擦拭，不可乱甩，以防烫伤他人。

③ 电烙铁要放在烙铁架上，不能随便乱放。

④ 注意导线不能触碰到烙铁头，避免引发火灾。

⑤ 不要让电烙铁长时间处于待焊状态，因为温度过高也会造成烙铁头"烧死"。

⑥ 使用结束后务必切断电源。

2. 镊子

焊接电路板常用的镊子有直尖头和弯尖头，建议使用直尖头。

3. 焊锡

焊锡是在焊接线路中连接电子元件的重要工业原材料，是一种熔点较低的焊料。常用的焊锡主要是用锡基合金做的焊料。根据焊锡中间是否含有松香，将焊锡分为实心焊锡和松香芯焊锡。焊接元件时建议采用松香芯焊锡，因为这种焊锡熔点较低，而且内含松香助焊剂，松香起到湿润、降温、提高可焊性的作用，使用极为方便。

4. 万用表

万用表一般用于测量电压、电流、电阻和电容，以及检测短路。在焊接STM32核心板时，万用表主要用于（1）测量电压；（2）测量某一个回路的电流；（3）检测电路是否短路；（4）测量电阻的阻值；（5）测量电容的容值。

(1) 测电压

将黑表笔插入COM孔，红表笔插入VΩ孔，旋钮旋到合适的电压挡（万用表表盘上的电压值要大于待测电压值，且最接近待测电压值的电压挡位）。然后，将两个表笔的尖头分别连接到待测电压的两端（注意，万用表是并联到待测电压两端的），保持接触稳定，且电路应处于工作状态，电压值即可从万用表显示屏上读取。注意，万用表表盘上的"V-"表示直流电压挡，"V~"表示交流电压挡，表盘上的电压值均为最大量程。由于STM32核心板采用直流供电，因此测量电压时，要将旋钮旋到直流电压挡。

(2) 测电流

将黑表笔插入COM孔，红表笔插入mA孔，旋钮旋到合适的电流挡（万用表表盘上的电流值要大于待测电流值，且最接近待测电流值的电流挡位）。然后，将两个表笔的尖头分别连接到待测电流的两端（注意，万用表是串联到待测电流的电路中的），保持接触稳定，且电路应处于工作状态，电流值即可从万用表显示屏上读取。注意，万用表表盘上的"A-"表示直流电流挡，"A~"表示交流电流挡，表盘上的电流值均为最大量程。由于STM32核心板上只有直流供电，因此测量电流时，要将旋钮旋到直流电流挡。而且，STM32核心板上的电流均为毫安（mA）级。

(3) 检测短路

将黑表笔插入COM孔，红表笔插入VΩ孔，旋钮旋到蜂鸣/二极管挡。然后，将两个表笔的尖头分别连接到待测短路电路的两端（注意，万用表是并联到待测短路电路的两端的），保持接触稳定，将电路板的电源断开。如果万用表蜂鸣器鸣叫且指示灯亮，表示所测电路是连通的，否则，所测电路处于断开状态。

（4）测电阻

将黑表笔插入 COM 孔，红表笔插入 VΩ 孔，旋钮旋到合适的电阻挡（万用表表盘上的电阻值要大于待测电阻值，且最接近待测电阻值的电阻挡位）。然后，将两个表笔的尖头分别连接到待测电阻两端（注意，万用表是并联到待测电阻两端的），保持接触稳定，将电路板的电源断开，电阻值即可从万用表显示屏上读取。如果直接测量某一电阻，可将两个表笔的尖头连接到待测电阻的两端直接测量。注意，电路板上某一电阻的阻值一般小于标识阻值，因为电路板上的电阻与其他等效网络并联，并联之后的电阻值小于其中任何一个电阻。

（5）测电容

将黑表笔插入 COM 孔，红表笔插入 VΩ 孔，旋钮旋到合适的电容挡（万用表表盘上的电容值要大于待测电容值，且最接近待测电容值的电容挡位）。然后，将两个表笔的尖头分别连接到待测电容两端（注意，万用表是并联到待测电容两端的），保持接触稳定，电容值即可从万用表显示屏上读取。注意，待测电容应为未焊接到电路板上的电容。

5. 松香

松香在焊接中作为助焊剂，起助焊作用。从理论上讲，助焊剂的熔点比焊料低，其比重、黏度、表面张力都比焊料小，因此在焊接时，助焊剂先融化，很快流浸、覆盖于焊料表面，起到隔绝空气防止金属表面氧化的作用，并能在焊接的高温下与焊锡及被焊金属的表面发生氧化膜反应，使之熔解，还原纯净的金属表面。合适的焊锡有助于焊出满意的焊点形状，并保持焊点的表面光泽。松香是常用的助焊剂，它是中性的，不会腐蚀电路元件和烙铁头。如果是新印制的电路板，在焊接之前要在铜箔表面涂上一层松香水。如果是已经印制好的电路板，则可直接焊接。松香的具体使用因个人习惯而不同，有的人习惯每焊接完一个元件，都将烙铁头在松香上浸一下，有的人只有在电烙铁头被氧化，不太方便使用时，才会在上面浸一些松香。松香的使用方法也很简单，打开松香盒，把通电的烙铁头在上面浸一下即可。如果焊接时使用的是实心焊锡，加些松香是必要的，如果使用松香锡焊丝，可不使用松香。

6. 吸锡带

在焊接引脚密集的贴片元件时，很容易因焊锡过多导致引脚短路，使用吸锡带就可以"吸走"多余的焊锡。吸锡带的使用方法很简单：用剪刀剪下一小段吸锡带，用电烙铁加热使其表面蘸上一些松香，然后用镊子夹住将其放在焊盘上，再用电烙铁压在吸锡带上，当吸锡带变为银白色时即表明焊锡被"吸走"了。注意，吸锡时不可用手碰吸锡带，以免烫伤。

7. 其他工具

常用的焊接工具还包括吸锡枪等，由于 STM32 核心板上主要是贴片元件，基本用不到吸锡枪，因此这里就不详细介绍，如需了解其他焊接工具和材料，可以查阅相关教材或者网站。

4.2　STM32 核心板元件清单

STM32 核心板的元件清单，也称为 BOM，如表 4-2 所示。

表4-2 STM32核心板元件清单

ID	Supplier Part	Name	Designator	Footprint	Quantity	LCSC Assembly	不焊接元件	一审	二审
1	C5663	XH-6A	J4	XH-6A	1				
2	C131244	LED-Red(0805)	PWR	LED-0805	1				
3	C6186	AMS1117-3.3	U2	SOT-223	1	Yes			
4	C45783	22μF	C16,C17,C19,C3,C5	C 0805	5	Yes			
5	C14663	100nF	C18,C8,C9,C10,C13,C4,C1,C2,C6,C7	C 0603	10	Yes			
6	C1035	10μH	L2,L1	0603	2	Yes			
7	C12674	8MHz	Y1	OSC-490SC-YSX-1	1				
8	C1653	22pF	C11,C12	C 0603	2	Yes			
9	C32346	32.768kHz	Y2	SMD-3215_2P	1	Yes			
10	C1634	10pF	C14,C15	C 0603	2	Yes			
11	C23138	330Ω	R20,R21	0603	2				
12	C72035	LED-Blue(0805)	LED1	LED-0805	1				
13	C2297	LED-Green(0805)	LED2	LED-0805	1	Yes			
14	C3405	HDR-IDC-2.54-2X10P	J8	HDR-IDC-2.54-2X10P	1				
15	C25804	10kΩ	R1,R2,R3,R4,R5,R10,R11,R12,R16,R17,R18,R19,R6,R15,R13,R14	0603	16	Yes			
16	C23873	SDM Tactile Switch6*6*6mm	KEY1,KEY2,KEY3	KEY-6.0*6.0	3				
17	C225504	A2541HWV-7P	J7	A2541HWV-7P	1				
18	C22775	100Ω	R7,R8	0603	2	Yes			
19	C71857	Switch,3*6*2.5Plastic head white,260G,0.25mm,SMD	RST	SWITCH-3X6X2.5_SMD	1				
20	C168673	68000-102HLF	J6	68000-102HLF	1				
21	C50981	Header-Male-2.54_1X20	J1,J2,J3	HDR-20X1/2.54	3				
22		TESTPOINT_0.9	+5V,GND,3V3	TESTPOINT_0.9	3		NC		
23	C21190	1kΩ	R9	0603	1	Yes			
24	C14996	SS210	D1	SMA(DO-214AC)	1	Yes			
25	C823	STM32F103RCT6	U1	LQFP-64_10X10X05P	1				

无论是读者自己焊接,还是由贴片厂焊接,都需要准备元件(也称物料)。根据表4-2中的 ID 可方便快速地进行物料定位和备料,这种优势在进行复杂电路板备料时更加明显。

第二列 Supplier Part 相当于每个元件的身份证号码。企业一般都会有自己的元件编号,由于物料系统比较庞杂，作为初学者，建立自己的物料体系不现实。那么，如何能够既不用亲自建立自己的物料库，又能够方便使用规范的物料库呢？推荐直接使用"立创商城"（www.szlcsc.com）的物料体系。因为立创商城上的物料体系比较严谨规范，而且采购非常方便，价格也较实惠，读者可以只花 1 元就能买到 100 个贴片电阻，更重要的是可以基本实现一站式采购。这样既省时，又节约成本，可大大降低初学者学习的门槛和成本。当然，立创商城的元件也常常会出现下架和缺货的现象，但是，立创商城提供的物料种类非常全，读者可以非常容易地在其网站上找到可替代的元件。因此，本书直接引用了立创商城提供的元件编号，这样，读者就可以方便地在立创商城上根据 STM32 核心板元件清单上的元件编号采购所需的元件。

第三列是 Name（元件名称）。电容是以容值、精度、耐压值和封装进行命名的，电阻是以阻值、精度和封装进行命名的，每种元件都有其严格的命名规范，后续章节将详细介绍。

第四列 Designator（元件号）是电路板上的元件编号，由大写字母+数字构成。字母 R 代表电阻，字母 C 代表电容，字母 J 代表插件，字母 D 代表二极管，字母 U 代表芯片。相同型号的元件被列在同一栏中，以便于备料。

第五列是 Footprint（封装），每个元件都有对应的封装，在备料时一定要确认封装是否正确。

第六列是 Quantity（数量），使用 PCB 工具生成物料清单时，相同型号的物料被归类在一起，用元件号加以区分，这里的数量就是相同型号的物料的数量。需要强调的是，在备料时，电阻、电容、二极管等小型低价元件按照电路板实际所需数量的 120% 准备，其他可以按照 100%~110% 准备。比如要生产 10 套电路板，每种型号的电阻按照标准数量的 12 倍准备；如果某种规格的排针需要 30 条，可以准备 30~33 条；如果某种规格的芯片需要 10 片，可以准备 10~11 片。

经过若干轮实践证明，绝大多数初学者都能在焊接第三块电路板前，至少调试通一块电路板。当然，也有很多初学者每焊接一块就能调试通一块，焊接后面的两块电路板是为了巩固焊接和调试技能。鉴于此，本书提供 3 套开发套件，建议读者在备料时也按照 3 套的数量准备，即按照表格中的数量乘以 3 进行备料，电阻、电容、二极管等小型低价元件可以多备一些。

4.3 STM32 核心板焊接步骤

准备好空的 STM32 核心板、焊接工具和材料、元件后，就可以开始电路板的焊接。

很多初学者在学习焊接时，常常拿到一块电路板就急着把所有的元件全部焊上去。由于在焊接过程中没有经过任何测试，最终通电后，电路板要么没有任何反应，要么被烧坏，而真正一次性焊接好并验证成功的极少。而且，出了问题，不知道从何处解决。

尽管 STM32 核心板电路不是很复杂，但是要想一次性焊接成功，还是有一定的难度。本书将 STM32 核心板焊接分为五个步骤，每个步骤完成后都有严格的验证标准，出了问题可以快速找到问题。即使从未接触过焊接的新手，也能通过这五个步骤迅速掌握焊接的技能。

第 4 章 STM32 核心板焊接

STM32 核心板焊接的五个步骤如表 4-3 所示，每一步都有要焊接的元件，同时，每一步焊接完成后，都有严格的验证标准。

表 4-3 STM32 核心板焊接步骤

步骤	需要焊接的元件号	验 证 标 准
1	U1	STM32 芯片各引脚不能短路，也不能虚焊
2	U2、C16、D1、C17、C18、L2、C19、PWR、R9、R7、R8、J4	5V、3.3V 和 GND 相互之间不短路，上电后电源指示灯（标号为 PWR）能正常点亮
3	R6、R14、R15、R20、R21、LED1、LED2、Y1、C11、C12、L1、RST、C13、R13	STM32 核心板能够正常下载程序，且下载完程序后，蓝灯和绿灯交替闪烁，串口能通过通信-下载模块向计算机发送数据
4	C1、C2、C3、C4、C5、C6、C7、C14、C15、Y2、R16、R17、R18、R19、J7	OLED 显示屏正常显示字符、日期和时间
5	C8、C9、C10、R10、R11、R12、KEY1、KEY2、KEY3、R1、R2、R3、R4、R5、J8、J6、J1、J2、J3	能够使用 ST-Link 连接 JTAG/SWD 调试接口进行程序下载和调试

4.4 STM32 核心板分步焊接

焊接前首先按照要求准备好焊接工具和材料，包括电烙铁、焊锡、镊子、松香、万用表、吸锡带等，同时也备齐 STM32 核心板的电子元件。

1. 焊接第一步

焊接的元件号：U1。焊接第一步完成后的效果图如图 4-2 所示。

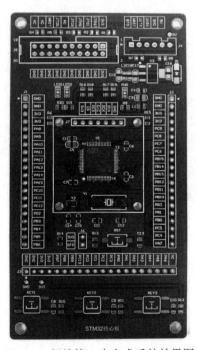

图 4-2 焊接第一步完成后的效果图

焊接说明：拿到空的 STM32 核心板后，首先要使用万用表测试 5V、3.3V 和 GND 三个电源网络相互之间有没有短路。如果短路，直接更换一块新板，并检测无短路，然后参照 4.5.1 节（STM32F103RCT6 芯片焊接方法）将准备好的 STM32F103RCT6 芯片焊接到 U1 所指示的位置。注意，STM32F103RCT6 芯片的 1 号引脚务必与电路板上的 1 号引脚对应，切勿将芯片方向焊错。

验证方法：使用万用表测试 STM32 芯片各相邻引脚之间无短路，芯片引脚与焊盘之间没有虚焊。由于 STM32 芯片的绝大多数引脚都被引到排针上，因此，测试相邻引脚之间是否短路可以通过检测相对应的焊盘之间是否短路进行验证。虚焊可以通过测试芯片引脚与对应的排针上的焊盘是否短路进行验证。这一步非常关键，尽管烦琐，但是绝不能疏忽。如果这一步没有达标，则后续焊接工作将无法开展。

2. 焊接第二步

焊接的元件号：U2、C16、D1、C17、C18、L2、C19、PWR、R9、R7、R8、J4。焊接第二步完成后的效果图如图 4-3（a）所示，上电后的效果图如图 4-3（b）所示。焊接说明：将上述元件号对应的元件依次焊接到电路板上。各元件焊接方法可以参照 4.5 节的介绍。需要强调的是，每焊接完一个元件，都用万用表测试是否有短路现象，即测试 5V、3.3V 和 GND 三个网络相互之间是否短路。此外，二极管（D1）和发光二极管（PWR）都是有方向的，切莫将方向焊反，通信-下载模块接口（J4）的缺口应朝外。

（a）焊接完效果　　　　　　　　（b）上电后效果

图 4-3　焊接第二步完成后的效果图

验证方法：在上电之前，首先检查 5V、3.3V 和 GND 三个网络相互之间是否短路。确认没有短路，再使用通信-下载模块对 STM32 核心板供电。供电后，使用万用表的电压挡检测 5V 和 3.3V 测试点的电压是否正常。STM32 核心板的电源指示灯（PWR）应为红色点亮状态。

3. 焊接第三步

焊接的元件号：R6、R14、R15、R20、R21、LED1、LED2、Y1、C11、C12、L1、RST、

C13、R13。焊接第三步完成后的效果图如图 4-4（a）所示，上电后的效果图如图 4-4（b）所示。

（a）焊接后效果　　　　　　　　（b）上电后效果

图 4-4　焊接第三步完成后的效果图

焊接说明：将上述元件号对应的元件依次焊接到电路板上。各元件的焊接方法可以参照 4.5 节的介绍。每焊接完一个元件，都用万用表测试是否有短路现象，即测试 5V、3.3V 和 GND 三个网络相互之间有没有短路。此外，发光二极管（LED1、LED2）是有方向的，切莫将方向焊反。

验证方法：在上电之前，首先检查 5V、3.3V 和 GND 三个网络相互之间是否短路。确认没有发生短路，再使用通信-下载模块对 STM32 核心板供电。供电后，使用万用表的电压挡检测 5V 和 3.3V 的测试点的电压是否正常，STM32 核心板的电源指示灯（PWR）应为红色点亮状态。然后，使用 mcuisp 软件将 STM32KeilPrj.hex 下载到 STM32 芯片。正常状态是程序下载后，电路板上的蓝灯和绿灯交替闪烁，串口能正常向计算机发送数据。下载程序和查看串口发送数据的方法可以参照 3.4 节的介绍。

4. 焊接第四步

焊接的元件号：C1、C2、C3、C4、C5、C6、C7、C14、C15、Y2、R16、R17、R18、R19、J7。焊接第四步完成后的效果图如图 4-5（a）所示，上电后的效果图如图 4-6（b）所示。

焊接说明：将上述元件号对应的元件依次焊接到电路板上。各元件的焊接方法可参见 4.5 节。每焊接完一个元件，都用万用表测试是否有短路现象，即测试 5V、3.3V 和 GND 三个网络相互之间是否短路。

验证方法：在上电之前，首先检查 5V、3.3V 和 GND 三个网络相互之间是否短路。确认没有发生短路，再使用通信-下载模块对 STM32 核心板供电。供电后，使用万用表的电压挡检测 5V 和 3.3V 的测试点的电压是否正常。STM32 核心板的电源指示灯（PWR）应为红色点亮状态，电路板上的蓝灯和绿灯应交替闪烁，串口能正常向计算机发送数据，OLED 能够正常显示日期和时间。

(a) 焊接后效果　　　　　　(b) 上电后效果

图 4-5　焊接第四步完成后的效果图

5. 焊接第五步

焊接的元件号：C8、C9、C10、R10、R11、R12、KEY1、KEY2、KEY3、R1、R2、R3、R4、R5、J8、J6、J1、J2、J3。焊接第五步完成后的效果图如图 4-6（a）所示，上电后的效果图如图 4-6（b）所示。

(a) 焊接后效果　　　　　　(b) 上电后效果

图 4-6　焊接第五步完成后的效果图

焊接说明：将上述元件号对应的元件依次焊接到电路板上。各元件的焊接方法可参见 4.5 节。每焊接完一个元件，都用万用表测试是否有短路现象，即测试 5V、3.3V 和 GND 三个网络相互之间是否短路。注意，JTAG/SWD 调试接口（J8）的缺口朝外，切莫将方向焊反。

验证方法：焊接完第五步后，在上电之前，首先检查 5V、3.3V 和 GND 三个网络相互之间是否短路。确认没有出现短路现象，再使用通信-下载模块对 STM32 核心板供电。供电后，使用万用表的电压挡检测 5V 和 3.3V 的测试点的电压是否正常。STM32 核心板的电源指示灯（PWR）应为红色点亮状态，电路板上的蓝灯和绿灯应交替闪烁，串口能正常向计算机发送数据，OLED 能够正常显示日期和时间。可以将 ST-Link 连接到 JTAG/SWD 调试接口进行程序下载。注意，将 ST-Link 连接到 JTAG/SWD 调试接口进行程序下载的方法可参见 3.7 节。

4.5 元件焊接方法详解

STM32 核心板使用到的元件有 24 种，读者只需要掌握其中 8 类有代表性的元件的焊接方法即可，这 8 类元件的焊接方法几乎覆盖了所有元件的焊接方法。这 8 类元件包括 STM32F103RCT6 芯片、贴片电阻（电容）、发光二极管、肖特基二极管、低压差线性稳压电源芯片、晶振、贴片轻触开关、直插元件。

如果按封装来分，24 种元件还可以分为两类：直插元件和贴片元件。STM32 核心板上的绝大多数元件都是贴片元件，只有不得已才使用直插元件。这是因为贴片元件相对于直插元件主要具有以下优点：（1）贴片元件体积小、重量轻，容易保存和邮寄，易于自动化加工；（2）贴片元件比直插元件容易焊接和拆卸；（3）贴片元件的引入大大提高了电路的稳定性和可靠性，对于生产来说也就是提高了产品的良率。因此，STM32 核心板上凡是能使用贴片封装的，通常不会使用直插元件。同时，也建议读者在后续进行电路设计时尽可能选用贴片元件。

4.5.1 STM32F103RCT6 芯片焊接方法

STM32 核心板上最难焊接的当属封装为 LQFP64 的 STM32F103RCT6 芯片。对于刚刚接触焊接的人来说，引脚密集的芯片会让人感到头痛，尤其是这种 LQFP 封装的芯片，因为这种芯片的相邻引脚间距常常只有 0.5mm 或 0.8mm。实际上，只要掌握了焊接技巧，这种芯片相对于以往的直插元件（如 DIP40）焊接起来会更加简单、容易。

对于焊接贴片元件来说，元件的固定非常重要。有两种常用的元件固定方法，单脚固定法和多脚固定法。像电阻、电容、二极管和轻触开关等引脚数为 2~5 个的元件常常采用单脚固定法。而多引脚且引脚密集的元件（如各种芯片）则建议采用多脚固定法。此外，焊接时要注意控制时间，不能太长也不能太短，一般在 1~4s 内完成焊接。时间过长容易损坏元件，时间太短则焊锡不能充分熔化，造成焊点不光滑、有毛刺、不牢固，也可能出现虚焊现象。

焊接 STM32F103RCT6 芯片所采用的就是多脚固定法。下面详细介绍如何焊接 STM32F103RCT6 芯片。

（1）往 STM32F103RCT6 芯片封装的所有焊盘上涂一层薄薄的锡，如图 4-7 所示。

（2）将 STM32F103RCT6 芯片放置在 STM32 电路板的 U1 位置，如图 4-8 所示，在放置时务必确保芯片上的圆点与电路板上丝印的圆点同向，而且放置时芯片的引脚要与电路板上的焊盘一一对齐，这两点非常重要。芯片放置好后用镊子或手指轻轻压住以防芯片移动。

图 4-7　往 STM32F103RCT6 芯片引脚上涂上焊锡效果图

图 4-8　放置 STM32F103RCT6 芯片

（3）用电烙铁的斜刀口轻压一边的引脚，把锡熔掉从而将引脚和焊盘焊在一起，如图 4-9 所示。要注意在焊接第一个边的时候，务必将芯片紧紧压住以防止芯片移动。再以同样的方法焊接其余三边的引脚。

（4）STM32F103RCT6 芯片焊完之后，还有很重要的一步，就是用万用表检测 64 个引脚之间是否存在短路，以及每个引脚是否与对应的焊盘虚焊。短路主要是由于相邻引脚之间的锡渣把引脚连在一起所导致的。检测短路前，先将万用表旋到短路检测挡，然后将红、黑表笔分别放在 STM32F103RCT6 芯片两个相邻的引脚上，如果万用表发出蜂鸣声，则表明两个引脚短路。虚焊是由于引脚和焊盘没有焊在一起所导致的。将红、黑表笔分别放在引脚和对应的焊盘上，如果蜂鸣器不响，则说明该引脚和焊盘没有焊在一起，即虚焊，需要补锡。

图 4-9　焊接 STM32F103RCT6 的引脚

（5）清除多余的焊锡。清除多余的焊锡有两种方法：吸锡带吸锡法和电烙铁吸锡法。①吸锡带吸锡法：在吸锡带上添加适量的助焊剂（松香），然后用镊子夹住吸锡带紧贴焊盘，把干净的电烙铁头放在吸锡带上，待焊锡被吸入吸锡带中时，再将电烙铁头和吸锡带同时撤离焊盘。如果吸锡带粘在了焊盘上，千万不要用力拉扯吸锡带，因为强行拉扯会导致焊盘脱落或将引脚扯歪。正确的处理方法是重新用电烙铁头加热后，再轻拉吸锡带使其顺利脱离焊盘。②电烙铁吸锡法：在需要清除焊锡的焊盘上添加适量的松香，然后用干净的电烙铁把锡渣熔解后将其一点点地吸附到电烙铁上，再用湿润的海绵把电烙铁上的锡渣擦拭干净，重复上述操作直到把多余的焊锡清除干净为止。

4.5.2 贴片电阻（电容）焊接方法

本书中贴片电阻（电容）的焊接采用单脚固定法。下面详细说明如何焊接贴片电阻。

(1) 先往贴片电阻的一个焊盘上加适量的锡，如图 4-10 所示。

图 4-10 往贴片电阻的一个焊盘上加锡

(2) 使用电烙铁头把 (1) 中的锡熔掉，用镊子夹住电阻，轻轻将电阻的一个引脚推入熔解的焊锡中，时间约为 3~5s，如图 4-11（a）所示。然后移开电烙铁，此时电阻的一个引脚已经固定好，如图 4-11（b）所示。如果电阻的位置偏了，则把锡熔掉，重新调整位置。

(a)   (b)

图 4-11 焊接贴片电阻的一个引脚

(3) 如图 4-12（a）所示，用同样的方法焊接电阻的另一个引脚。注意，加锡要快，焊点要饱满、光滑、无毛刺。焊接完第二个引脚后的效果图如图 4-12（b）所示。焊接完成后，测试电阻两个引脚之间是否短路，再测试电阻引脚与焊盘之间是否虚焊。

(a)   (b)

图 4-12 焊接贴片电阻的另一个引脚

4.5.3 发光二极管（LED）焊接方法

与焊接贴片电阻（电容）的方法类似，焊接发光二极管（LED）采用的也是单脚固定法。下面详细介绍如何焊接发光二极管。

（1）发光二极管和电阻（电容）不同，电阻（电容）没有极性，而发光二极管有极性。首先往发光二极管的正极所在的焊盘上加适量的锡，如图4-13所示。

（2）使用电烙铁头把（1）中的锡熔掉，用镊子夹住发光二极管，轻轻将发光二极管的正极（绿色的一端为负极，非绿色一端为正极）引脚推入熔解的焊锡中，时间约为3~5s，然后移开电烙铁，此时发光二极管的正极引脚已经固定好，如图4-14所示。需要注意的是，电烙铁头不可碰及贴片LED灯珠胶体，以免高温损坏LED灯珠。

图4-13　往发光二极管正极所在焊盘上加锡　　图4-14　焊接发光二极管的正极引脚

（3）用同样的方法焊接发光二极管的负极引脚，如图4-15所示。焊接完后检查发光二极管的方向是否正确，并测试是否存在短路和虚焊现象。

图4-15　焊接发光二极管的负极引脚

4.5.4 肖特基二极管（SS210）焊接方法

焊接肖特基二极管（SS210）仍采用单脚固定法，在焊接时也要注意极性。下面详细介绍如何焊接肖特基二极管（SS210）。

（1）肖特基二极管也有极性。首先往肖特基二极管的负极所在的焊盘上加适量的锡，如图4-16所示。

（2）使用电烙铁头把（1）中的锡熔掉，用镊子夹住肖特基二极管，轻轻将负极（有竖向线条的一端为负极）引脚推入熔解的焊锡中，时间约为3~5s，然后移开电烙铁，此时肖特基二极管的负极引脚已经固定好，如图4-17所示。

图 4-16　往肖特基二极管负极所在焊盘上加锡　　图 4-17　焊接肖特基二极管的负极引脚

（3）用同样的方法焊接正极，如图 4-18 所示。焊接完后检查肖特基二极管的方向是否正确，并测试是否存在短路和虚焊现象。

图 4-18　焊接肖特基二极管的正极引脚

4.5.5　低压差线性稳压芯片（AMS1117）焊接方法

STM32 核心板上的低压差线性稳压芯片（AMS1117）有 4 个引脚，焊接采用的同样是单脚固定法。下面详细介绍焊接低压差线性稳压芯片（AMS1117）的方法。

（1）先往低压差线性稳压芯片（AMS1117）的最大引脚所对应的焊盘上加适量的锡，再用镊子夹住芯片，轻轻将最大引脚推入熔解的焊锡中，时间约为 3~5s，然后移开电烙铁，此时芯片最大的引脚已经固定好，如图 4-19 所示。

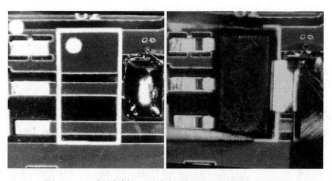

图 4-19　焊接低压差线性稳压芯片的最大引脚

（2）向其余 3 个引脚分别加锡，如图 4-20 所示。焊接完后测试是否存在短路和虚焊现象。

图 4-20　焊接低压差线性稳压芯片的其余引脚

4.5.6　晶振焊接方法

STM32 核心板上有两个晶振，分别是尺寸大一点的 8MHz 晶振（Y1）和尺寸小一点的 32.7568kHz 晶振（Y2），这两个晶振都只有 2 个引脚，焊接时采用单脚固定法。由于两种晶振的焊接方式一样，下面以 8MHz 晶振为例介绍焊接方法。

（1）先往其中一个焊盘上加适量的锡，如图 4-21 所示。这两个晶振都没有正负极之分。

（2）使用电烙铁头把（1）中的锡熔掉，用镊子夹住晶振，轻轻将晶振的一个引脚推入熔解的焊锡中，时间约为 3~5s，然后移开电烙铁，此时晶振的一个引脚已经固定好，如图 4-22 所示。

图 4-21　往焊盘上加锡　　　　图 4-22　焊接晶振的一个引脚

（3）用同样的方法焊接晶振的另一个引脚，如图 4-23 所示。焊接完后，测试晶振是否存在短路和虚焊现象。

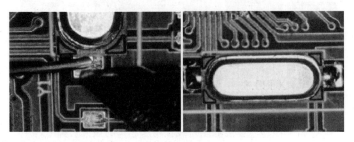

图 4-23　焊接晶振的另一个引脚

4.5.7 贴片轻触开关焊接方法

STM32 核心板的底部有三个轻触开关（KEY1、KEY2、KEY3），这种轻触开关只有 4 个引脚，焊接时采用单脚固定法。下面详细介绍 4 脚贴片轻触开关的焊接方法。

（1）先往其中一个焊盘上加适量的锡，如图 4-24 所示。

图 4-24　往轻触开关其中一个引脚所在焊盘上加锡

（2）如图 4-25（a）所示，使用电烙铁头把（1）中的锡熔解，用镊子夹住轻触开关，轻轻将轻触开关的一个引脚推入熔解的焊锡中，时间约为 3~5s，然后移开电烙铁，此时轻触开关的一个引脚已经固定好，如图 4-25（b）所示。

(a)　　　　　　　　　　　　(b)

图 4-25　焊接轻触开关的一个引脚

（3）继续焊接其余 3 个引脚，如图 4-26 所示。焊接完后测试是否存在短路和虚焊现象。

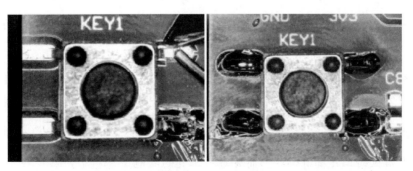

图 4-26　焊接轻触开关的其余 3 个引脚

4.5.8 直插元件焊接方法

STM32 核心板上的绝大多数元件都是贴片封装，但是也有一些元件，如排针、插座等，属于直插封装。直插封装的焊接步骤如下：按照电路板上的编号，将直插元件插入对应的位置，有方向和极性的元件要注意不要插错；直插元件定位完成后，再将电路板反过来放置，用电烙铁给其中一个焊盘上锡，焊接对应的引脚；重复以上步骤焊接其余引脚。下面介绍如何焊接 2 脚排针。

图 4-27　将 2 脚排针插入电路板上相应的位置

（1）在 STM32 核心板上找到编号 J6，将 2 脚排针插入对应的位置，注意将短针插入电路板中，如图 4-27 所示。

（2）将电路板反过来放置，用电烙铁给其中一个焊盘加锡，如图 4-28 所示。

（3）用同样的方法焊接另一个引脚，如图 4-29 所示。焊接完后测试是否存在短路和虚焊现象。

图 4-28　给其中一个焊盘加锡

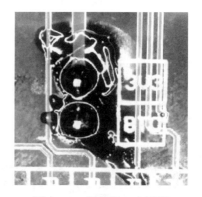

图 4-29　焊接另一个引脚

本章任务

学习完本章后，应能熟练使用焊接工具，完成至少一块 STM32 核心板的焊接，并验证通过。

****

本章习题

1. 焊接电路板的工具都有哪些？简述每种工具的功能。
2. 万用表是进行焊接和调试电路板的常用仪器，简述万用表的功能。

第 5 章 立创 EDA 介绍

立创 EDA 服务于广大电子工程师、教育者、学生、制造商和电子爱好者，随着商业模式的改变，2018 年推出的立创 EDA 专业版将对中国用户保持永久免费。

立创 EDA 的发展愿景是成为全球工程师的首选 EDA 工具；使命是用简约、高效的国产 EDA 工具，助力工程师专注创造与创新。

学习目标：

➢ 熟悉立创 EDA。
➢ 了解立创 EDA 的功能特点。

5.1 立创 EDA

立创 EDA 是一个基于云端平台的工具，联网即用（2019 年 7 月推出离线版）。只需在浏览器（推荐使用最新版的谷歌或火狐浏览器）地址栏中输入网址 https://lceda.cn，或用搜索引擎搜索"立创 EDA"就可以登录立创 EDA 的主页，如图 5-1 所示。

图 5-1 立创 EDA 主页

除了浏览器访问，立创 EDA 还提供一个小巧的客户端。客户端下载页面如图 5-2 所示，安装过程为一键安装。用户可以任意地在离线和在线版本之间进行切换。

立创 EDA 的设计操作界面简洁，操作步骤简单，将很多复杂的设计过程实现了一键操作，读者可以快速入门。

客户端下载

图 5-2　客户端下载页面

5.2　功能特点

云端技术的应用让立创 EDA 有别于传统 EDA 设计方式，让设计者不再局限于个人的设计，最大限度地发挥网络的优势。设计者可以在立创 EDA 上实现团队管理、原理图库和 PCB 库共享，以及在"工程广场"查找工程等一系列快捷功能。

5.2.1　库文件共享

目前立创 EDA 有上百万个元件原理图库和 PCB 库，除了立创商城所售元件的库，绝大部分共享库是由用户提供的。随着立创 EDA 的用户数量不断增加，云端的库文件也不断更新和积累，目前在立创 EDA 上基本可以找到用户所需的大多数元件及其对应的元件库，不仅省去了自己制作封装的麻烦，而且大大提升了设计效率。

5.2.2　团队管理

立创 EDA 提供非常强大的团队管理功能。设计者通过创建一个团队，将成员加入其中并赋予权限，就可以共同对工程进行设计，并且在工程设计中实现分工协作，提高设计效率。通过团队管理的方式让团队成员对一个工程有更深入的理解，有助于工程的完善，体现团队协作的优势。在团队管理中，工程文件同样可以设置版本管理的功能，团队成员之间可以就一个项目设计多个版本，不同的团队成员可以设计不同的版本，有助于促进相互间的学习、交流和进步。

团队的创建者可以对成员进行管理员的设置。在团队管理中，有以下几种管理权限。
- 所有者：个人工程的所有者，对工程拥有全部的操作权限。
- 管理员：可添加团队成员，拥有对工程文件的设置、编辑和开发权限。
- 开发者：拥有对工程文件的编辑和设计权限。
- 成员：拥有对工程文件的查看权限。

5.2.3 工程广场

工程师将自己的工程文件开源后便可以与其他用户一起交流,这是一种良性的学习方式。他人通过对自己的开源工程进行学习和研究,可能会提出一种更好的解决方案。开源的工程文件也可能会对其他工程师的工程设计有参考和借鉴作用。

立创 EDA 提供了一个硬件开源的平台——工程广场,如图 5-3 所示。在工程广场上可以看到用户贡献的工程文件,如图 5-4 所示,用户也可以将自己的工程权限设为公开,让更多人看到自己的设计,这对个人的影响力和学习能力都有很大的帮助。在进行电路设计时,可以在工程广场上找到一些非常有价值的参考电路以及 PCB 布局布线的设计等,甚至可以直接将工程广场上一些实际工程项目的 PCB 送去打样并测试。通过工程广场,用户可以学习他人的设计,有助于快速设计出自己的电路。

图 5-3 工程广场

图 5-4 用户贡献的工程文件

硬件电路的开源环境需要用户共同营造,立创 EDA 也将创建一个专门用于硬件电路开源的论坛,以方便用户进行交流。在这里的开源项目将更具有使用价值和学习价值,工程师可以从中得到灵感和设计思路。

5.2.4 版本管理

立创 EDA 提供版本管理的功能。版本号表示一个工程项目在更新迭代中的唯一性。在团队设计中对工程项目进行版本管理，可以避免因版本不一致而导致沟通障碍或工程项目延迟的情况。版本管理在工程设计中是很重要的一部分，需要严格执行。

本章任务

完成本章的学习后，熟悉立创 EDA，并了解其特点。

****

本章习题

1. 常用的 EDA 软件有哪些？简述各种 EDA 软件的特点。
2. 简述立创 EDA 的发展历史和演变过程。

第 6 章 STM32 核心板原理图设计

在电路设计与制作过程中，电路原理图设计是整个电路设计的基础。如何将 STM32 核心板电路通过立创 EDA 用工程表达方式呈现出来，使电路符合需求和规则，就是本章要完成的任务。通过本章的学习，读者将能够完成整个 STM32 核心板原理图的绘制，为后续进行 PCB 设计打下基础。

学习目标：

➢ 了解基于立创 EDA 进行原理图设计的流程。
➢ 掌握基于立创 EDA 的 STM32 核心板原理图绘制方法。

6.1 原理图设计流程

STM32 核心板的电路原理图设计流程如图 6-1 所示，具体如下。

（1）打开立创 EDA，新建一个 STM32 核心板的 PCB 工程。

（2）在 STM32 核心板的 PCB 工程中，新建一个 STM32 核心板原理图。

（3）在原理图设计界面中，设置原理图设计规范。

（4）在立创 EDA 的元件库中搜索原理图封装，或者在个人库中创建原理图封装。

（5）在原理图中放置元件。

（6）连线。

（7）检查 STM32 核心板原理图。

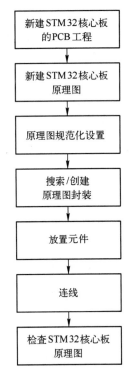

图 6-1 STM32 核心板的电路原理图设计流程图

6.2 创建 PCB 工程

首先打开立创 EDA 主界面，然后在工具栏中的"文件"下拉菜单中选择"新建"→"工程"命令，如图 6-2 所示。

打开"新建工程"对话框，在"所有者"栏中选择工程的所有者，所有者可以是个人，也可以是团队。

单击"创建团队"按钮创建新的团队，如图 6-3 所示。输入团队名称，团队路径默认为系统分配的路径，添加团队简介和成员之后，单击"创建团队"按钮即可完成。

在所有者中选择团队，即表示该工程属于团队。在本书中，STM32 核心板的工程所有者为个人。

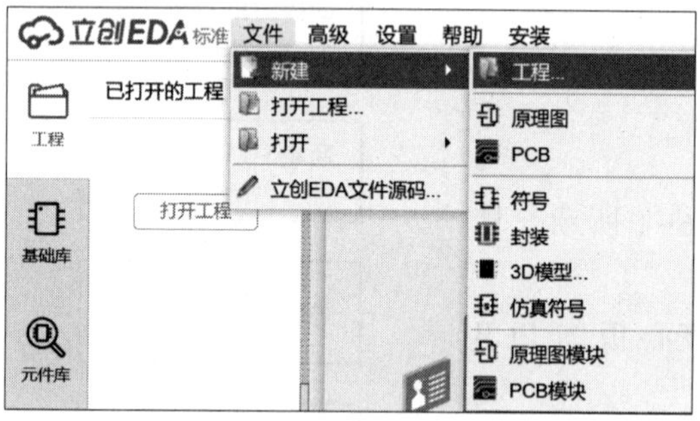

图 6-2　新建 PCB 工程步骤一

图 6-3　创建团队

在"标题"框中输入工程名称，即 STM32CoreBoard。路径默认为系统分配的路径。可以在"描述"框中添加工程的相关描述。"可见性"根据需要选择"私有"或"公开"，如图 6-4 所示。最后，单击"保存"按钮即可完成 PCB 工程的创建。

图 6-4　新建 PCB 工程步骤二

第 6 章　STM32 核心板原理图设计

在主界面左侧的"工程"标签页中可以看到新建的 STM32CoreBoard 工程，单击选中工程，然后单击鼠标右键，在右键快捷菜单中选择"版本"→"版本管理"命令，如图 6-5 所示。

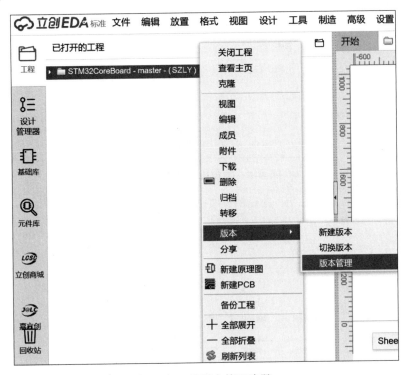

图 6-5　工程版本管理步骤一

接下来，编辑工程版本，如图 6-6 所示，单击 ✏ 按钮。

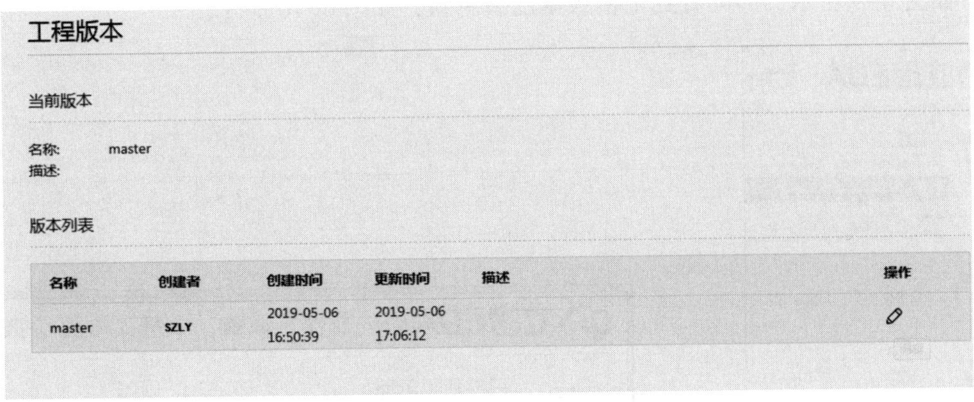

图 6-6　工程版本管理步骤二

在弹出的"编辑版本记录"对话框中，将版本名称修改为 STM32CoreBoard-V1.0.0，还可添加相关描述，如图 6-7 所示。然后，单击"修改"按钮。此时可以看到版本名称已被修改，如图 6-8 所示，关闭对话框。按照一定的规则命名保存所有版本，可避免发生版本丢失或混淆等情况，还可以快速准确地查找任意版本，有助于工程的版本管理。

图 6-7　工程版本管理步骤三

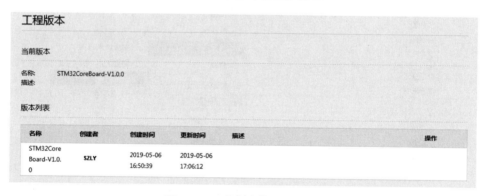

图 6-8　工程版本管理步骤四

然后在主界面中，右键单击"工程"标签页，在弹出的快捷菜单中选择"重新加载"命令，如图 6-9 所示，即可看到工程版本已被更新，如图 6-10 所示。

图 6-9　工程版本更新

图 6-10　工程版本更新完成

下面简要介绍工程文件夹和工程的命名规范。三种常用的命名方式是骆驼命名法（Camel-Case）、帕斯卡命名法（Pascal-Case）和匈牙利命名法（Hungarian）。本书只使用帕斯卡命名法。帕斯卡命名法的规则是每个单词的首字母大写，其余字母小写，如 DisplayInfo、PrintStuName。

例如，在本书中，PCB 工程命名为"STM32CoreBoard"就是帕斯卡命名法，表示 STM32 Core Board，即 STM32 核心板。但是由于 PCB 工程往往都是迭代的，绝大多数 PCB 工程的完成都要经历若干天、若干版本，最终才能获得稳定版本，因此，本书建议工程文件夹的命名格式为"工程名+版本号+日期+字母版本号（可选）"，如文件夹 STM32CoreBoard-V1.0.0-20171215 表示工程名为 STM32CoreBoard，修改日期为 2017 年 12 月 15 日，版本为 V1.0.0；又如文件夹 STM32CoreBoard-V1.0.0-20171215B 表示 2017 年 12 月 15 日修改了三次，第一次修改后的名为 STM32CoreBoard-V1.0.0-20171215，第二次为 STM32CoreBoard-V1.0.0-20171215A；再如文件夹 STM32CoreBoard-V1.0.2-20171215C 表示已打样三次，第一次为 V1.0.0，第二次为 V1.0.1，第三次为 V1.0.2。

简单总结如下：工程文件夹的命名由工程名、版本号、日期和字母版本号（可选）组成。其中"工程名"按照帕斯卡命名法进行命名。"版本号"从 V1.0.0 开始，每次打样后版本号加 1。PCB 稳定后的发布版本只保留前两位，如 V1.0.2 版本经过测试稳定了，在 PCB 发布时将版本号改为 V1.0。"日期"为 PCB 工程修改或完成的日期，如果一天内经过了若干次修改，则通过"字母版本号（可选）"进行区分。

6.3 新建原理图文件

如图 6-11 所示，选择 STM32CoreBoard 工程文件并单击鼠标右键，在快捷菜单中选择"新建原理图"命令，即可在 STM32CoreBoard 工程下新建一个原理图文件，系统默认原理图文件名为 Sheet_1。

图 6-11 新建原理图文件

按快捷键 Ctrl+S 保存原理图，弹出一个"信息"对话框，显示"保存成功"的信息，如图 6-12 所示。

图 6-12　保存原理图

重命名原理图，如图 6-13 所示，选择 Sheet_1 并单击鼠标右键，在快捷菜单中选择"修改"命令。

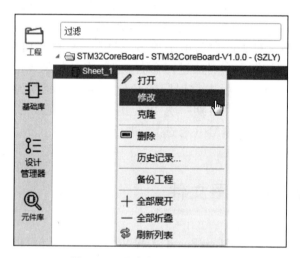

图 6-13　重命名原理图步骤一

然后在"修改文档信息"对话框中将标题名称修改为 STM32CoreBoard，还可以根据需要添加相关描述，如图 6-14 所示。最后，单击"确定"按钮，即可看到原理图已被重命名。

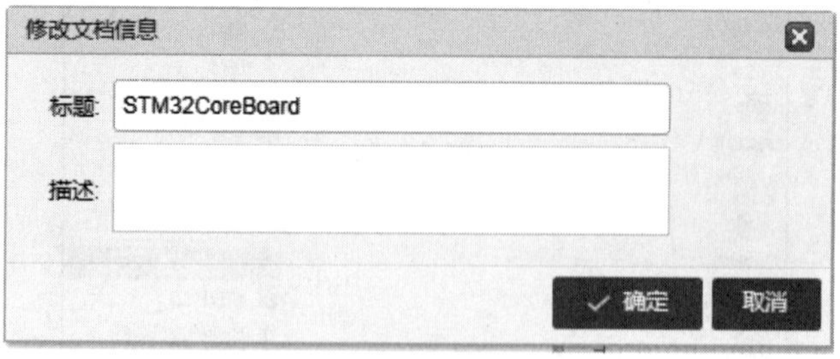

图 6-14　重命名原理图步骤二

原理图设计界面如图 6-15 所示。

第 6 章　STM32 核心板原理图设计

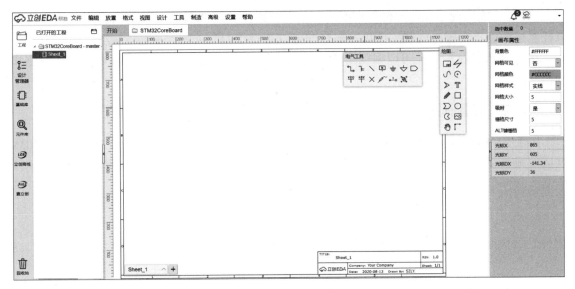

图 6-15　原理图设计界面

6.4　原理图规范化设置

在绘制原理图之前，需要先进行规范化设置。依次设置：（1）网格和栅格；（2）画布规格；（3）Title Block。

6.4.1　设置网格大小和栅格尺寸

网格大小是用于标识间距和校准元件符号的线段，便于将元件摆放整齐。

栅格尺寸是指光标移动时的步进距离，便于使元件与布线对齐。栅格的数值越小，元件和布线移动的步进距离就越小，也越精准。

Alt 键栅格是指按 Alt 键，然后移动元件时的步进距离。设置合适的网格大小和栅格尺寸，有助于在设计原理图时将元件摆放整齐、美观，便于连线操作。同一个项目组的各成员应统一设置，便于项目的同步和管理。下面介绍网格大小和栅格尺寸的设置。

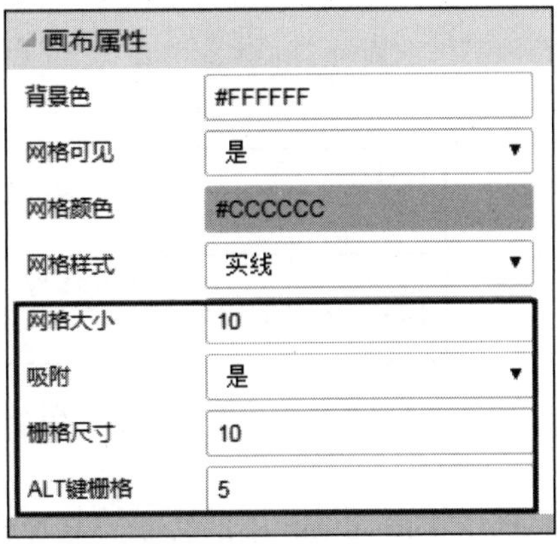

立创 EDA 默认的原理图网格大小和栅格尺寸都是 5，这里我们设置网格大小和栅格尺寸为 10，Alt 键栅格保持默认值 5，如图 6-16 所示。

注意，在设计原理图时建议一直开启"吸附"功能。如果元件摆放和布线是在关闭"吸附"状态下操作的，当再次开启"吸附"功能后，则原有的元素（包括元件、布线等）将很难对齐栅格，强行对齐后可能会使原理图变得不美观（如走线倾斜

图 6-16　设置网格和栅格

等），甚至可能出现布线与元件引脚虚连的情况。因为关闭"吸附"功能后，元件和布线可以任意移动而不受栅格限制，所以一般在非电气连接绘制时关闭"吸附"功能。

在"画布属性"中还可以根据个人喜好设置画布背景色、网格是否可见、网格颜色和网格样式。

6.4.2 设置画布规格

由于 STM32 核心板的原理图相对简单，A4 大小的纸即可容纳所有元件，因此立创 EDA 默认的画布规格是 A4 大小。也可以单击绘图工具栏中的 按钮设置画布规格，如图 6-17 所示。

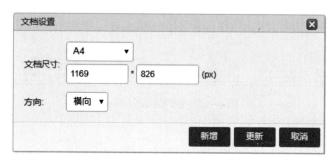

图 6-17　设置画布规格

6.4.3 设置 Title Block

在 Title Block 中双击对应的文本可以修改标题名称、版本、公司信息、日期和作者等信息。例如，双击 Sheet_1，在弹出的文本框中输入 STM32CoreBoard，如图 6-18 所示，即可完成 TITLE 的修改。将 REV 版本号修改为 V1.0.0；Sheet 和 Date 保持系统默认设置；在 Drawn By 处输入作者，设置完成后如图 6-19 所示。

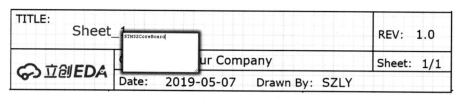

图 6-18　设置 Title Block

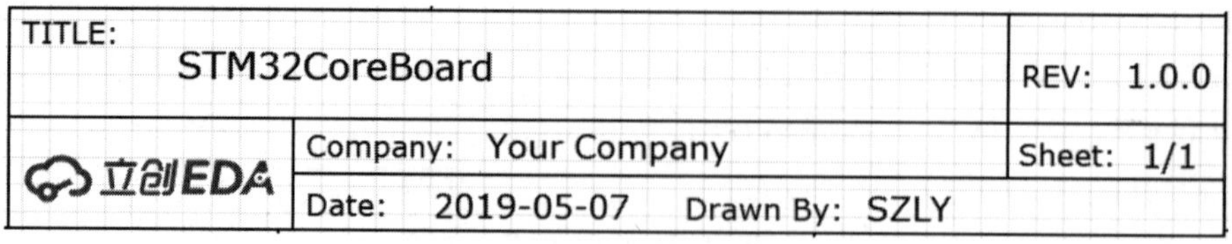

图 6-19　设置 Title Block 完成

选中 Title Block 中的文本，在原理图设计界面右侧的"文本属性"面板中可以修改文本的字体、字体大小、颜色等属性，如图 6-20 所示。

第 6 章 STM32 核心板原理图设计

图 6-20 修改 Title Block 文本属性

单击绘图工具栏中的 按钮，可以向 Title Block 导入图片。如图 6-21 所示，在弹出的"图片属性"对话框中，输入图片的网址，或者从本地计算机中选择一个图片文件，然后单击"确定"按钮。

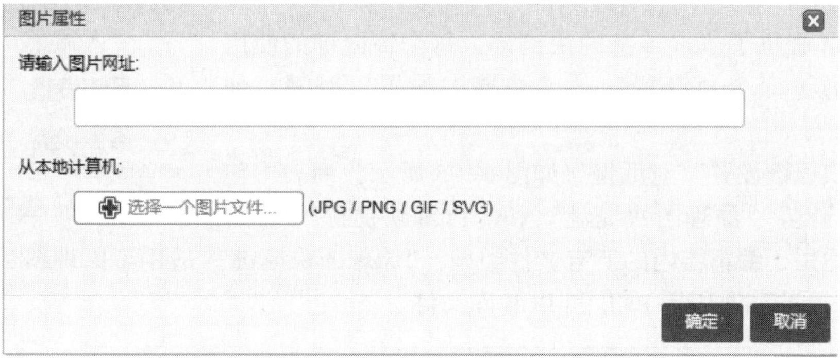

图 6-21 导入图片

例如，导入立创 EDA 的商标图片，如图 6-22 所示，图片随光标移动，在合适的位置单击即可放置图片，然后单击鼠标右键即可退出放置图片命令。

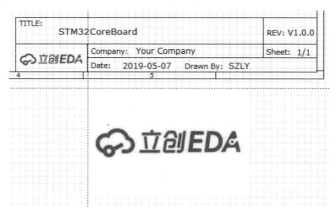

图 6-22 放置图片

选中图片，单击并拖动图片四个角中的任意一个小圆圈，可以改变图片的大小；也可以在原理图设计界面右侧的"图片"面板中修改图片的属性，如图 6-23 所示。

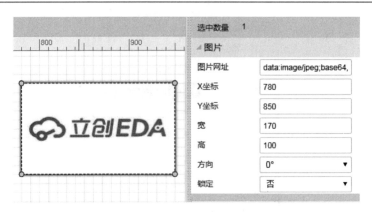

图 6-23　修改图片属性

6.5　快捷键介绍

立创 EDA 提供了非常丰富的快捷键，每个快捷键的使用方法都可以通过命令“设置”→“快捷键设置”查看，如图 6-24 所示。

图 6-24　查看快捷键

打开“快捷键设置”对话框，如图 6-25 所示，列表中包含“所有快捷键”“原理图快捷键”和“PCB 快捷键”。“所有快捷键”适用于编辑器内的所有文件类型；“原理图快捷键”适用于原理图和原理图库文件；“PCB 快捷键”适用于 PCB 和 PCB 库文件。

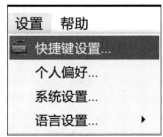

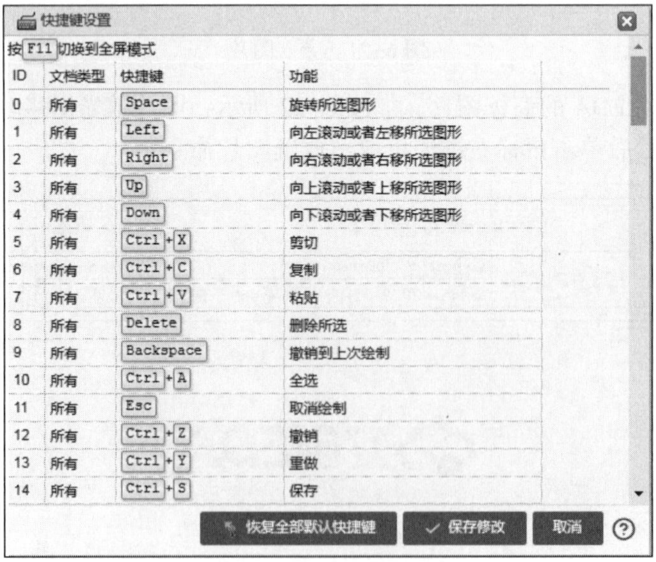

快捷键设置

按 F11 切换到全屏模式

ID	文档类型	快捷键	功能
0	所有	Space	旋转所选图形
1	所有	Left	向左滚动或者左移所选图形
2	所有	Right	向右滚动或者右移所选图形
3	所有	Up	向上滚动或者上移所选图形
4	所有	Down	向下滚动或者下移所选图形
5	所有	Ctrl+X	剪切
6	所有	Ctrl+C	复制
7	所有	Ctrl+V	粘贴
8	所有	Delete	删除所选
9	所有	Backspace	撤销到上次绘制
10	所有	Ctrl+A	全选
11	所有	Esc	取消绘制
12	所有	Ctrl+Z	撤销
13	所有	Ctrl+Y	重做
14	所有	Ctrl+S	保存

恢复全部默认快捷键　保存修改　取消

图 6-25　快捷键列表

列表中的快捷键都是可以重配置的，单击需要修改的选项，出现输入框后直接按下要设置的按键，然后单击“保存修改”按钮，即可完成快捷键设置，如图 6-26 所示。例如，把

第 6 章　STM32 核心板原理图设计

"旋转所选图形"快捷键由空格键改为 R 键，单击"旋转所选图形"，当"快捷键"栏中出现文本输入框时，直接按 R 键即可自动输入，然后单击"保存修改"按钮完成重配置。

图 6-26　快捷键重配置

6.6　放置元件

在原理图设计中，存放元件的库有基础库和元件库。

基础库包含一些常用的基础元件，它不支持自定义。在基础库中单击元件，然后移动指针到画布，再次单击即可放置元件。注意，从基础库中获取的元件属性信息是不完善的，只包含元件名称和封装。基础库中的元件有很多，本书所使用的 STM32CoreBoard 原理图只用到其中的 GND 标识符和 VCC 标识符。其余所有元件都从元件库中获取。下面以"JTAG/SWD 调试接口电路"为例介绍如何从元件库中获取元件。

按快捷键 Shift+F，或单击原理图设计界面左侧的 按钮打开"元件库"对话框，如图 6-27、图 6-28 所示。在"元件库"对话框中，"搜索引擎"选择"立创 EDA"，"类型"选择"符号"，"库别"选择"嘉立创贴片"，然后在搜索栏中输入"10kΩ 0603"。也可以根据附录中的元件 BOM 上的立创商城编号直接搜索，如直接输入"C25804"搜索对应的 10kΩ、0603 封装的电阻。

单击 按钮或按回车键，然后在搜索结果中选择元件。根据封装、阻值和制造商可以初步选择，如图 6-29 所示，选择标题（零件名称）为 0603WAF1002T5E、制造商为 UniOhm 的 10kΩ、

图 6-27　打开"搜索库"对话框

0603封装的立创可贴片电阻。在"元件库"对话框右侧可以看到所选中电阻的原理图符号、PCB封装及实物图。

图 6-28 搜索 10kΩ 0603 电阻

图 6-29 选择 10kΩ 0603 电阻步骤一

如图 6-30 所示，选中元件后可以在"元件库"对话框的下方看到所选元件的单价、立创商城编号、库存等信息，以及数据手册。单击 按钮或"立创商城编号"后面的编号，可以打开对应元件的链接，即可非常方便地购买元件。需要注意的是，选择库存充足的元件可以避免后期因元件库存不足而无法购买或者需要另选元件的情况；了解元件的单价和起订量，方便估算和控制成本；数据手册就是元件的使用说明书，在原理图设计时，要关注元件的某些特性、参数、引脚定义等信息，这样才能用对、用好元件。

图 6-30 选择 10k 0603 电阻步骤二

在图 6-29 所示对话框中，单击右下角的"放置"按钮，然后在原理图中单击即可放置所选元件，如图 6-31 所示。注意，元件引脚应放置在格点上，以方便连线，不建议按照

图 6-32 的左图放置，并且网格大小和栅格尺寸应设置为相同的数值，本书设置为 10。

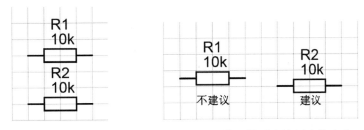

图 6-31　放置 10k 0603 电阻　　图 6-32　将元件引脚放置在格点上

选中并拖动元件，将其摆放在合适位置，也可按 Alt 键以栅格大小为步进距离移动元件。元件摆放整齐后如图 6-33 所示。

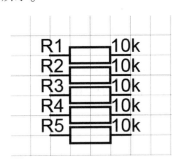

图 6-33　元件摆放整齐

在"元件库"对话框中搜索立创商城编号为 C3405 的简牛，如图 6-34 所示。

图 6-34　搜索 C3405 简牛

如图 6-35 所示，单击选中简牛的原理图符号，在原理图设计界面右侧的"元件属性"中将编号"P1"修改为"J8"。考虑到与本书后续内容保持一致，建议读者按照本书提供的 PDF 版本原理图修改元件编号，这样在 PCB 布局时可一一对应地进行操作。待能够熟练使用立创 EDA 自行设计电路时，再尝试元件自动编号。

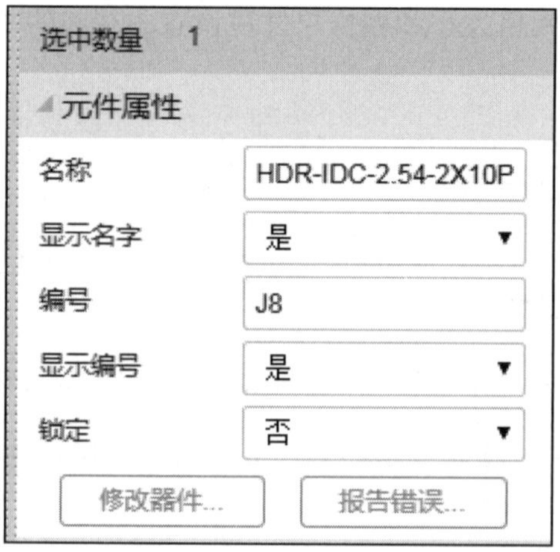

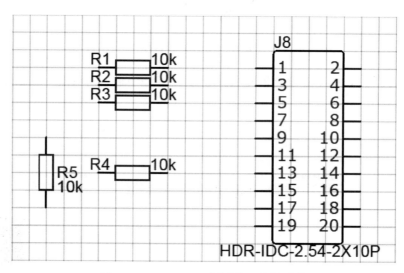

图 6-35　修改简牛编号

"JTAG/SWD 调试接口电路"的元件全部放置完成后如图 6-36 所示。选中元件然后按空格键（若重设置旋转的快捷键为 R 键，则按 R 键），可以旋转元件，如将编号为 R5 的电阻旋转 90°。

图 6-36　JTAG/SWD 调试接口电路元件

一个完整的电路包括元件、电源、地和导线。因此，在"JTAG/SWD 调试接口电路"中，还需要添加电源、地和导线。添加方法是，单击图 6-27 中的"基础库"按钮，在"电气标识符"中选择地（GND）和电源（VCC），如图 6-37 所示。

依次将 VCC 或 GND 放置在原理图中，然后单击选中 VCC，在"标识符"面板中将名称修改为 3V3，如图 6-38 所示。

"JTAG/SWD 调试接口电路"中的元件、地、电源放置完成后如图 6-39 所示。注意，放置元件、地或电源时，不要将两个引脚直接相连，引脚之间须由导线来连接。

除了放置元件，有时还需要删除元件。删除元件的方法是：选中某个元件，按 Delete 键即可将其删除。

第 6 章　STM32 核心板原理图设计

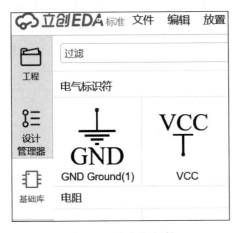

图 6-37　电气标识符

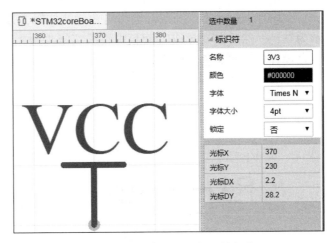

图 6-38　重命名电源标识符名称

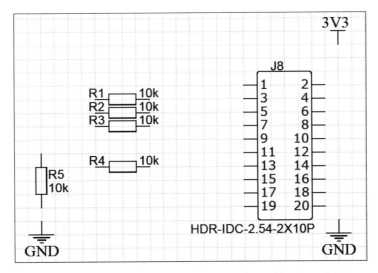

图 6-39　放置 JTAG/SWD 调试接口电路的元件、地、电源

6.7　连线

元件之间的电气连接主要是通过导线来实现的。导线是电路原理图中最重要、最常用的图元之一。

导线是指具有电气性质，用来连接元件电气点的连线。导线上的任意一点都具有电气性质。单击电气工具中的 按钮进入连线模式。将指针移动到需要连接的元件引脚上，这时会在引脚的端点处出现一个灰色的圆点，单击即可放置导线的起点，如图 6-40 所示。移动指针到需要连接的引脚，在引脚的端点处即出现一个灰色圆点，单击即可完成两个引脚之间的连接，此时指针仍处于连线模式，重复上述操作可继续连接其他引脚。单击鼠标右键或按 Esc 键，即可退出连线模式。

在原理图设计中，一般都会将电源导线加粗，方法是：单击选中电源导线，此时导线显示为红色，然后在"导线"面板中将线宽修改为2，如图6-41所示。在"导线"面板中还可以设置导线的颜色、样式等。

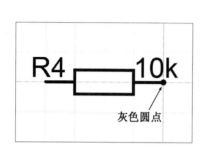

图6-40　连接元件

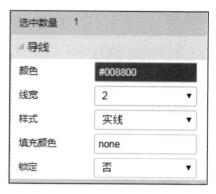

图6-41　设置电源导线线宽

"JTAG/SWD调试接口电路"导线连接完成后如图6-42所示。

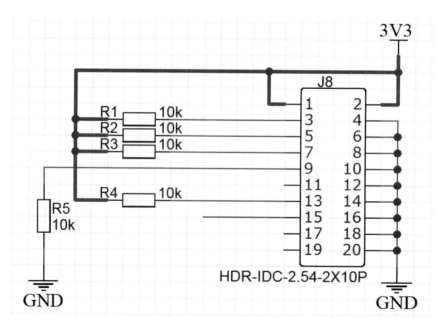

图6-42　JTAG/SWD调试接口电路导线连接完成

"网络标签"实际上也是一个电气连接点，具有相同网络标签的导线表示是连接在一起的。使用网络标签可以避免电路中出现较长的连线，从而使电路原理图可以清晰地表示电路连接的脉络。

放置网络标签的方法是：单击电气工具中的 按钮，然后按Tab键，在弹出的"属性"对话框中修改网络标签名称，如图6-43所示，最后单击"确定"按钮。另一种修改网络标签名称的方法是：双击要修改的网络标签，然后在弹出的文本框中输入新的网络标签名称，如图6-44所示。

图 6-43　修改网络标签名称

图 6-44　另一种修改网络标签名称的方法

网络标签与导线的连接和引脚一样，其左下角的灰色圆点要放在导线上，表示已经与导线连接上，如图 6-45 所示。

图 6-45　连接网络标签与导线

修改网络标签属性的方法是：单击选中网络标签，然后在"网络标签"面板中修改网络标签的名称、颜色、字体和字体大小，如图 6-46 所示。本书所使用的原理图中网络标签保持默认属性。

图 6-46　修改网络标签属性

"JTAG/SWD 调试接口电路"的网络标签放置完成后如图 6-47 所示。

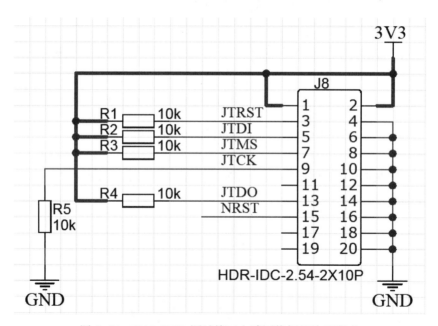

图 6-47　JTAG/SWD 调试接口电路网络标签放置完成

在"JTAG/SWD 调试接口电路"中，简牛（J8）的 11 号引脚、17 号引脚和 19 号引脚不需要连接任何网络或元件，这时要给悬空的引脚添加"非连接标志"。单击电气工具中的 × 按钮，然后放置在悬空引脚的端点上，如图 6-48 所示。

每个原理图都由若干个模块组成，在绘制原理图时，建议分模块绘制。这样绘制的优点是：（1）检查电路时可按模块逐个检查，提高了原理图设计的可靠性；（2）模块可以重用到其他工程中，且经过验证的模块可以降低工程出错的概率。因此，进行原理图设计时，最好给每个模块添加模块名称。

第 6 章 STM32 核心板原理图设计

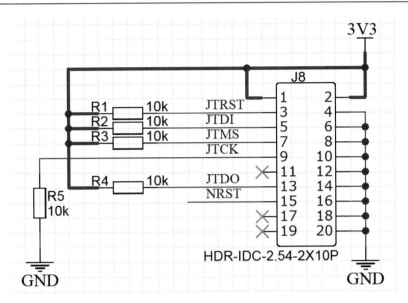

图 6-48 添加非连接标志

下面介绍如何在原理图上添加"JTAG/SWD 调试接口电路"模块名称。单击绘图工具中的 T 按钮，然后按 Tab 键，在弹出的文本框中输入电路模块名称"JTAG/SWD 调试接口电路"，如图 6-49 所示，单击"确定"按钮。

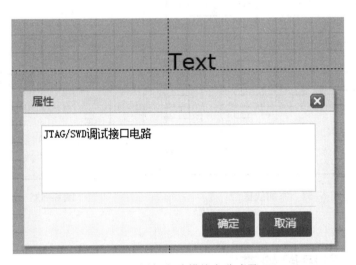

图 6-49 添加电路模块名称步骤一

将文本"JTAG/SWD 调试接口电路"移动到如图 6-50 所示的位置。

单击选中电路模块名称，在"文本属性"面板中可以修改文本的颜色、字体等属性，如图 6-51 所示。本书所使用原理图中的电路模块名称文本属性保持默认设置。

为了更好地区分各个电路模块，可将独立的模块用线框隔离开。单击绘图工具中的 ⚃ 按钮，在电路模块外周绘制线框，绘制完成后如图 6-52 所示。选中线框，可在"折线"面板中设置线框的属性，如图 6-53 所示。

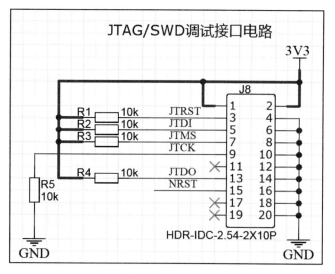

图 6-50　添加电路模块名称步骤二

图 6-51　修改 JTAG/SWD 调试接口电路模块名称文本属性

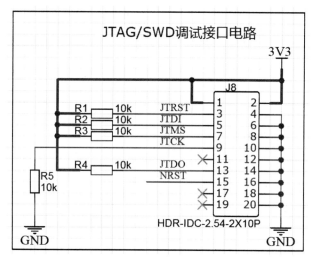

图 6-52　添加线框

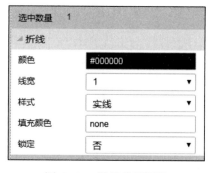

图 6-53　设置线框属性

6.8　原理图检查

原理图设计完成后，需要检查原理图的电气连接特性。单击原理图设计界面左侧的"设计管理器"按钮，在元件列表中检查元件是否都有 PCB 封装（元件编号后面括号内为 PCB 封装名称），如图 6-54 所示。

在原理图中定位元件的方法是：在元件列表中单击某一元件，系统将自动在原理图中定位该元件的位置，例如，定位电阻 R1，如图 6-55 所示。同时，在"设计管理器"的元件列表下方显示该元件的引脚和所连接的网络，单击"元件引脚"中某一引脚即可定位该引脚，如图 6-56 所示。

第 6 章 STM32 核心板原理图设计

图 6-54 检查元件

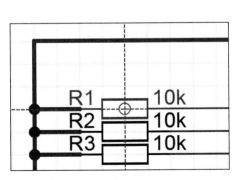

图 6-55 定位元件

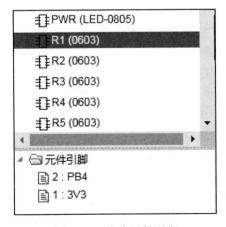

图 6-56 定位元件引脚

检查网络是否连接。如果没有连接，则列表中的网络名称前会显示⊗，如图 6-57 中的 J8_1，说明 J8 中有引脚未连接。因此，不需要连接导线的引脚要添加"非连接标志"。

注意：若工程存在多页原理图，设计管理器会自动关联整个原理图的元件与网络信息；设计管理器内的文件夹不会自动刷新，需要单击 C 按钮进行手动刷新。

图 6-57 检查网络

6.9 常见问题及解决方法

1. 查找相似对象

问题：如何在原理图中查找相似对象？

解决方法：以查找原理图中所有的 10kΩ 电阻为例说明。单击选中一个 10kΩ 电阻，再单击鼠标右键，在右键快捷菜单中选择"查找相似对象"命令，打开"查找相似对象"对话框，在对话框中设置查找条件，如图 6-58 所示。设置查找对象的名称、供应商、供应商编号和封装与所选 10kΩ 电阻的相同，单击"查找"按钮，原理图中所有符合条件的 10kΩ 电阻即被标示出来。

2. 批量修改文本属性

问题：如何在原理图中批量修改文本属性？

解决方法：以批量修改元件编号的字体大小为例说明。单击选中一个元件的编号后查找相似对象，选中所有的元件编号，然后在"多对象属性"面板中修改字体大小，如图 6-59 所示，即可修改所有元件编号的字体大小。修改其他属性的方法类似。

3. 高亮显示网络或元件

问题：如何在原理图中高亮显示网络或元件？

解决方法：以高亮显示 3V3 网络为例说明。在"设计管理器"中单击选中网络列表中的 3V3 网络，这样 3V3 网络的导线都会在原理图中高亮显示。

4. 在原理图中将元件相对 X 轴或 Y 轴翻转

问题：如何在原理图中将一个元件相对于 X 轴或 Y 轴翻转？

解决方法：在原理图中单击选中待翻转的元件，然后按 X 键即可实现相对 X 轴翻转，按 Y 键即可实现相对 Y 轴翻转。

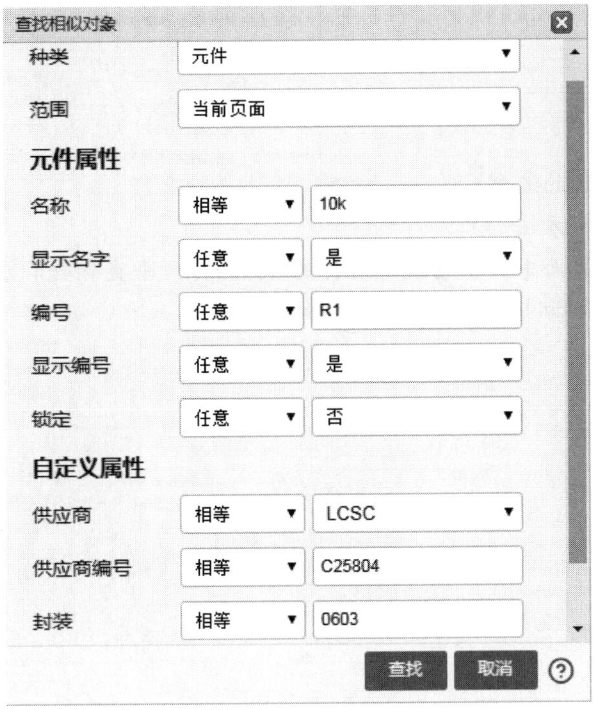

第 6 章　STM32 核心板原理图设计

图 6-58　查找相似对象

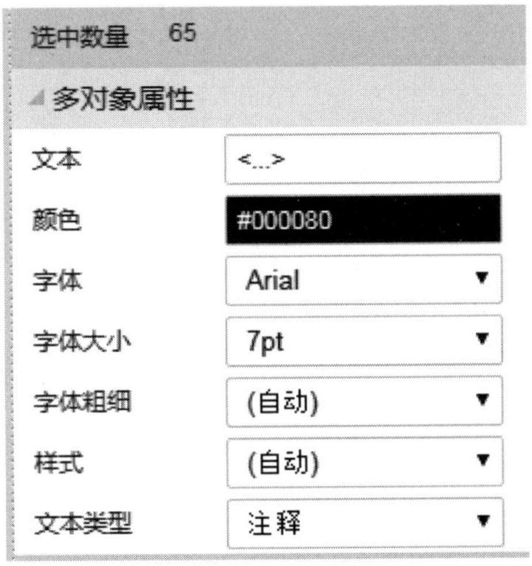

图 6-59　批量修改文本属性

本章任务

完成本章的学习后，参照本书配套资料包中的 PDFSchDoc 目录下的 STM32CoreBoard.pdf 文件，或附录中的"STM32 核心板 PDF 版本原理图"，完成整个 STM32 核心板的原理图绘制。

本章习题

1. 简述原理图设计的流程。
2. 简述搜索元件的方法。
3. 在原理图设计界面中,如何实现元件的90°翻转、垂直翻转和水平翻转?
4. 在原理图设计界面中,如何修改元件的属性?

第 7 章　STM32 核心板 PCB 设计

PCB 设计是将电路原理图变成具体的电路板的必由之路，是电路设计过程中至关重要的一步。如何将第 6 章设计好的 STM32 核心板原理图通过立创 EDA 转变成 PCB，就是本章要讲解的内容。学习完本章，读者将可以完成整个 STM32 核心板 PCB 的布局、布线、覆铜等操作，为后续进行电路板制作做好准备。

学习目标：
➢ 了解使用立创 EDA 进行 PCB 设计的流程。
➢ 能够熟练进行元件的布局操作。
➢ 能够熟练进行 PCB 的布线操作。
➢ 能够使用立创 EDA 完成 STM32 核心板的 PCB 设计。

7.1　PCB 设计流程

STM32 核心板的 PCB 设计流程如图 7-1 所示，具体如下。
(1) 在 PCB 工程中新建 STM32 核心板的 PCB 文件。
(2) 将 STM32 核心板的原理图导入 PCB 文件中。
(3) 在 PCB 设计环境中设置 PCB 的设计规则。
(4) 设计 STM32 核心板的边框和定位孔。
(5) 对 PCB 上的元件进行布局操作。
(6) 进行元件布线操作。
(7) 添加丝印。
(8) 添加电路板信息。
(9) 添加泪滴。
(10) 电路板正反面覆铜。
(11) DRC 规则检查。

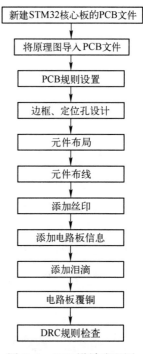

图 7-1　PCB 设计流程图

7.2　新建 PCB 文件

新建 PCB 文件有两种方式：(1) 原理图转 PCB；(2) 在 PCB 工程中新建 PCB 文件。下面介绍两种转换方式的具体操作方法。
(1) 原理图转 PCB
在原理图设计界面中，单击工具栏中的"设计"按钮，在下拉菜单中选择"原理图转 PCB"命令，如图 7-2 所示。

图 7-2　原理图转 PCB 步骤一

定义边框大小可参照 7.3 节的内容。通过原理图转 PCB 的转换方式，同时也会把元件导入 PCB 中，如图 7-3 所示。

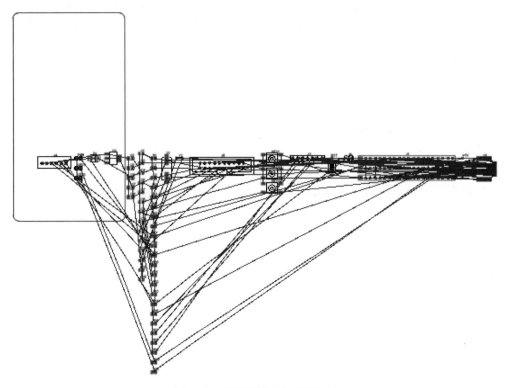

图 7-3　原理图转 PCB 步骤二

保存 STM32 核心板的 PCB 文件。单击工具栏中的"文件"按钮，在下拉菜单中选择"保存"命令，如图 7-4 所示。

在"保存为 PCB 文件"对话框中，选择"保存至已有工程"，输入标题"STM32CoreBoard"，将 PCB 文件保存在与原理图相同的 PCB 工程中，即 STM32CoreBoard-(SZLY)。可以根据需要添加相关描述，最后单击"保存"按钮，如图 7-5 所示。

图 7-4　保存 PCB 文件步骤一

图 7-5　保存 PCB 文件步骤二

第 7 章　STM32 核心板 PCB 设计

在 STM32CoreBoard-(SZLY) 工程文件夹中可以看到新建的 PCB 文件，如图 7-6 所示。

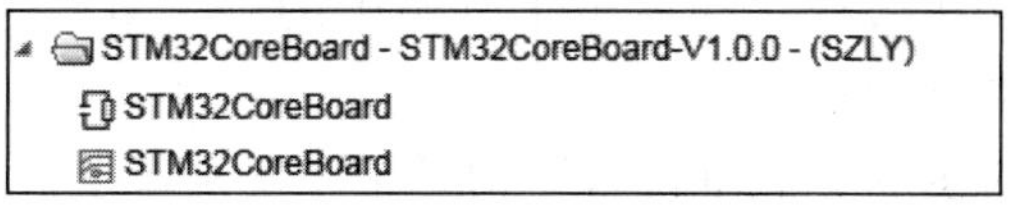

图 7-6　STM32 核心板 PCB 文件

（2）在 PCB 工程中新建 PCB 文件

如图 7-7 所示，选中 STM32CoreBoard 工程文件夹并单击鼠标右键，在右键快捷菜单中选择"新建 PCB"命令。

图 7-7　新建 PCB 文件

参照 7.3 节来定义边框大小，然后保存 PCB 文件即可。通过在 PCB 工程中新建 PCB 文件的方式不会自动从原理图中将元件导入 PCB 中，元件的导入操作可参照 7.4 节。

7.3　定义 PCB 边框大小

在"新建 PCB"对话框中，按照图 7-8 所示设置参数，单位选择 mm，铜箔层为 2，边框为圆角矩形，画布原点位置为（0，0），边框宽 59mm，边框长 109mm，圆角半径为 2.9mm，最后单击"应用"按钮。

PCB 边框效果图如图 7-9 所示。

如果需要重新定义 PCB 边框,则单击工具栏中的"工具"按钮,在下拉菜单中选择"边框设置"命令,如图 7-10 所示。

然后,在如图 7-11 所示的"边框设置"对话框中,重新设置参数即可。

图 7-8　定义 PCB 边框大小　　　　　　　图 7-9　PCB 边框效果图

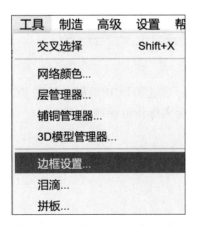

图 7-10　重定义 PCB 边框步骤一　　　　图 7-11　重定义 PCB 边框步骤二

7.4 更新 PCB

在电路设计过程中，除了将元件从原理图导入新建的 PCB 中，还常常遇到修改或重新设计原理图的情况，同时也要将修改的内容更新到 PCB 中。更新 PCB 的方法有两种。

方法一：在原理图设计界面中，单击工具栏中的"设计"按钮，在下拉菜单中选择"更新 PCB"命令，如图 7-12 所示。

图 7-12　更新 PCB 方法一

方法二：在 PCB 设计环境中，单击工具栏中的"设计"按钮。在弹出的"导入修改信息"对话框中，单击"应用修改"按钮，如图 7-13 所示。

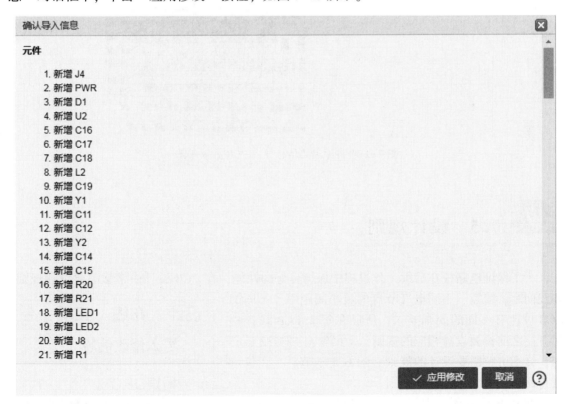

图 7-13　确认导入信息

将原理图信息导入 PCB 后的效果图如图 7-14 所示。

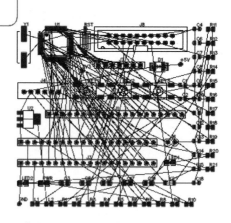

图 7-14 将原理图信息导入 PCB 后效果图

7.5 设计规则

为了保证电路板在后续工作过程中保持良好的性能，在 PCB 设计中常常需要设计规则，如线间距、线宽、不同电气节点的最小间距等。不同的 PCB 设计有不同的规则要求，所以在每个 PCB 设计项目开始之前都要设计相应的规则。下面针对 STM32 核心板，详细讲解需要设计的规则。学习完本节后，建议读者查阅相关文献了解其他规则。

在 PCB 设计环境中，单击工具栏中的"设计"按钮，在下拉菜单中选择"设计规则"命令，如图 7-15 所示。也可在画布中单击鼠标右键，在右键快捷菜单中选择"设计规则"命令。

图 7-15 设计规则

"设计规则"包括以下参数。

规则：默认规则是 Default，单击"新增"按钮，可以设计多个规则。规则支持自定义不同的名称，每个网络只能应用一个规则，每个规则可以设置不同的参数。

线宽：当前规则的导线宽度。PCB 中的导线宽度不能小于规则线宽。

间距：当前规则的元素间距。PCB 中具有不同网络的两个元素之间的间距不能小于规则间距。

孔外径：当前规则的孔外径。PCB 中的孔外径不能小于规则孔外径，如通孔的外径、过孔的外径、圆形多层焊盘的外径等，都要大于或等于规则孔外径。

孔内径：当前规则的孔内径。PCB 中的孔内径不能小于规则孔内径，如过孔的内径、圆形多层焊盘的内径等，都要大于或等于规则孔内径。

线长：当前规则的导线总长度。相同网络的导线总长度不能大于规则线长，否则报错。如果输入框留空，则不限制导线长度。总长度包括导线、圆弧。

下面介绍具体的设计规则方法。

为网络设计规则：在网络列表中选中一个网络，然后在"设计规则"的下拉菜单中选择要设计的规则，单击"应用"按钮，那么这个网络就应用了该规则。

实时设计规则检测：勾选"实时设计规则检测"功能后，在画图的过程中就会检测是否存在 DRC 错误，出现超出规则的错误时会直接显示高亮的×警示标识提示错误的位置。如图 7-16 所示，不同网络的两条导线之间的距离小于设计的规则间距，出现了×警示标识提示错误的位置。

图 7-16　实时设计规则检测

检测元素到覆铜的距离：默认勾选"检测元素到覆铜的距离"项。如果不勾选该项，一旦移动了 PCB 中的元素（如元件、导线、过孔等），则必须重建覆铜，否则 DRC 无法检测到与覆铜短路的元素。

在布线时显示 DRC 安全边界：当在信号层绘制导线时，未确定导线的周围会显示白色的 DRC 安全边界线圈。该安全边界的间距是根据 DRC 规则设置的间距来显示的，如图 7-17 所示。

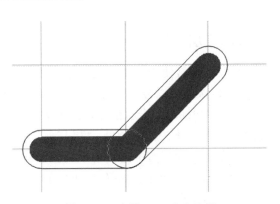

图 7-17　布线 DRC 安全边界

检测元素到边框的距离：勾选该项后，在其后文本框中输入检测的距离值，当元素到边框的值小于这个值时会在设计管理器中报错。

STM32 核心板的设计规则如图 7-18 所示。设计规则的单位跟随画布属性中设置的单位，此处为 mil。导线线宽最小为 10mil，不同网络元素之间的最小间距为 8mil，孔外径为 24mil，孔内径为 12mil，线长不做设置；在 PCB 设计过程中，都要开启"实时设计规则检测""检测元素到铺铜的距离"和"在布线时显示 DRC 安全边界"功能。

图 7-18 STM32 核心板的设计规则

7.6 层的设置

7.6.1 层工具

PCB 设计经常使用到"层与元素"面板，如图 7-19 所示，单击 按钮可以显示或隐藏对应的层；单击颜色标识区，当显示 图标时，表示该层已进入编辑状态，可进行布线等操作；单击 按钮可以将"层与元素"面板置顶；拖拽"层与元素"面板右下角，可以调整面板的高度与宽度。

在 PCB 设计环境中，切换层的快捷键如下：

T：切换至顶层；
B：切换至底层；
1：切换至内层 1；
2：切换至内层 2；

图 7-19 层与元素

3：切换至内层 3；

4：切换至内层 4。

7.6.2 层管理器

通过层管理器，可以设置 PCB 的层数和其他参数。

单击"层与元素"面板中的 ⚙ 按钮，或单击工具栏中的"工具"按钮，然后在下拉菜单中选择"层管理器"命令，打开"层管理器"对话框，如图 7-20 所示。注意，层管理器中的设置仅对当前的 PCB 有效。

图 7-20 层管理器

下面详细介绍"层管理器"对话框内的参数。

铜箔层：立创 EDA 支持高达 34 个铜箔层。使用的铜箔层越多，PCB 价格就越高。顶层和底层是默认的铜箔层，无法被删除。当要从 4 个铜箔层切换到 2 个时，需要先将内层的所有元素删除。

显示：取消勾选相应的层，该层的层名则不会显示在"层与元素"面板上。注意，这里只是对层名的隐藏，如果隐藏的层有其他元素，如导线等，在导出 Gerber 文件时将会一起被导出。

名称：层的名称，内层支持自定义名称。

类型：

（1）信号层：进行信号连接用的层，如顶层、底层。

（2）内电层：当内层的类型是内电层时，该层默认是一个覆铜层，通过绘制导线和圆弧来分割内电区块。对于分割出的内电区块，可以分别对其设置网络，如图 7-21 所示。当生成Gerber文件时，绘制的导线将会产生对应宽度的间隙。该层是以负片的形式进行绘制的。注意，在绘制内电层的导线时，导线的起点和终点必须超过边框的边界线，否则内层区块无法被分割。

（3）非信号层：如丝印层、机械层、文档层等。

（4）其他层：只做显示用，如飞线层、孔层。

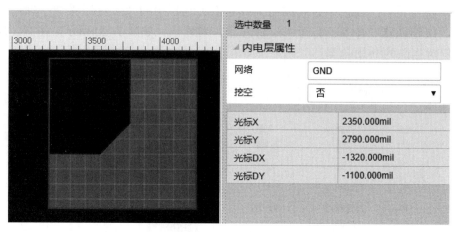

图7-21　绘制内电层

颜色：可以为每个层配置不同的颜色。

透明度：默认的透明度为0%，数值越高，层越透明。

层定义：

（1）顶层/底层：PCB顶面和底面的铜箔层，用于电气连接及信号布线。

（2）内层：铜箔层，用于信号走线和覆铜。

（3）顶层丝印层/底层丝印层：可在丝印层上印刷文字或符号来标示元件在电路板的位置等信息。

（4）顶层助焊层/底层助焊层：为贴片焊盘制造钢网用，以便于焊接。

（5）顶层阻焊层/底层阻焊层：即电路板的顶层和底层盖油层，一般是盖绿油，绿油的作用是阻止不需要的焊接。该层属于负片绘制方式，当有导线或区域不需要盖绿油时，需要在对应的位置进行绘制，电路板上这些区域将不会被绿油覆盖，方便上焊锡等操作，该过程一般称为开窗。

（6）边框层：即电路板形状定义层，用于定义电路板的实际大小，电路板打样厂会根据定义的外形生产电路板。

（7）顶层装配层/底层装配层：元件的简化轮廓，用于产品装配、维修以及导出可打印的文档，对电路板制作无影响。

（8）机械层：用于描述电路板的机械结构、标注及加工说明，仅做信息记录用。生产时默认不采用该层的形状进行制作。

（9）文档层：与机械层类似，但该层仅在编辑器中可见，不会生成在Gerber文件里。

（10）飞线层：显示PCB网络飞线，它不属于物理意义上的层，仅为了方便使用和设置颜色，故放在"层管理器"中进行配置。

（11）孔层：与飞线层类似，也不属于物理意义上的层，只做通孔（非金属化孔）的显示和颜色配置用。

（12）多层：与飞线层类似，金属化孔的显示和颜色配置。

（13）错误层：与飞线层类似，用于 DRC（设计规则错误）的错误标识显示和颜色配置。

7.7 绘制定位孔

制作好的电路板需要通过定位孔固定在结构件上。观察 STM32 核心板实物可以看到，电路板的 4 个顶角各有一个定位孔，下面详细介绍如何在 PCB 上绘制定位孔。

单击 PCB 工具中的按钮，在 PCB 上绘制一个圆，然后单击选中该圆，在 PCB 设计界面右侧的"圆属性"面板中设置圆的参数，如图 7-22 所示，线宽为 5mil，圆心坐标为（150mil，-159mil），半径为 63mil，可以选择是否锁定。属性设置完成后的圆如图 7-23 所示。

图 7-22 绘制定位孔步骤一

图 7-23 绘制定位孔步骤二

继续单击选中该圆，再单击鼠标右键，在右键快捷菜单中选择"转为槽孔"命令，如图 7-24 所示。转成槽孔之后的圆如图 7-25 所示。

图 7-24 转为槽孔

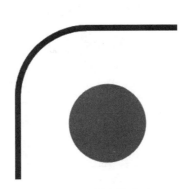

图 7-25 转为槽孔后

按照同样的方法绘制其余三个圆，线宽和半径分别为 5mil 和 63mil，右上角圆的圆心坐标为（2174mil，-159mil），左下角圆的圆心坐标为（150mil，-4150mil），右下角圆的圆心坐标为（2174mil，-4150mil）；然后将 3 个圆都转为槽孔。4 个定位孔全部绘制完成的效果图如图 7-26 所示。

图 7-26　四个定位孔绘制完成的效果图

单击工具栏中的"视图"按钮，在下拉菜单中选择"3D 预览"命令，可以获得更真实的效果图。

在设计 PCB 时，常常会在定位孔的外侧增加一个丝印圈，目的是提醒设计者在进行 PCB 布线时不要距离定位孔太近，以避免 PCB 打样钻孔时将布线切掉。下面以如何给左上角的定位孔添加丝印圈为例，说明具体操作方法。

首先，在"层与元素"面板中选择顶层丝印层；然后，单击 PCB 工具中的○按钮，在 PCB 上绘制一个圆，单击选中该圆，在 PCB 设计界面右侧的"圆属性"面板中设置圆的参数，如图 7-27 所示，线宽为 5mil，圆心坐标为（150mil，-159mil），半径为 75mil。属性设置完成后的圆如图 7-28 所示。

图 7-27　设置定位孔丝印圈属性

图 7-28　定位孔丝印圈

通过复制粘贴的方法绘制其余 3 个丝印圈，这样就无须重复绘制和设置线宽与半径，只需设置圆心坐标。右上角定位孔丝印圈的圆心坐标为（2174mil，-159mil），左下角定位孔丝印圈的圆心坐标为（150mil，-4150mil），右下角定位孔丝印圈的圆心坐标为（2174mil，-4150mil）。

7.8 元件的布局

将元件按照一定的规则在 PCB 中摆放的过程称为布局。布局既是 PCB 设计过程中的难点，也是重点，布局合理，接下来的布线就会相对容易。

7.8.1 布局原则

布局一般要遵守以下原则：

（1）布线最短原则。例如，集成电路（IC）的去耦电容应尽量放置在相应的 VCC 和 GND 引脚之间，且距离 IC 尽可能近，使之与 VCC 和 GND 之间形成的回路最短。

（2）将同一功能模块集中原则。即实现同一功能的相关电路模块中的元件就近集中布局。

（3）"先大后小，先难后易"原则。即重要的单元电路、核心元件应优先布局。

（4）布局中应参考原理图，根据电路的主信号流向规律放置主要元件。

（5）元件的排列要便于调试和维修，即小元件周围不能放置大元件，需调试的元件周围要有足够的空间。

（6）同类型插件元件在 X 轴或 Y 轴方向上应朝同一方向放置。同一种类型的有极性分立元件也要尽量在 X 轴或 Y 轴方向上保持一致，以便于生产和检验。

（7）布局时，位于电路板边缘的元件，离电路板边缘一般不小于 2mm，如果空间允许，建议距离设置为 5mm。

（8）布局晶振时，应尽量靠近 IC，且与晶振相连的电容要紧邻晶振。

7.8.2 布局基本操作

进行元件布局时，应掌握以下基本操作。

（1）交叉选择。此功能用于切换原理图符号和 PCB 封装之间的对应位置。在原理图中选中一个元件，单击工具栏中的"工具"按钮，在下拉菜单中选择"交叉选择"命令，如图 7-29 所示。或者使用快捷键 Shift+X，即可切换至 PCB 封装并高亮显示该元件的 PCB 封装。

注意，在使用该功能之前，应确保 PCB 已经保存；如果没有打开 PCB，编辑器会自动打开；若工程内含有多个 PCB 文件，且都尚未打开，则编辑器会自动打开第一个。

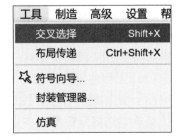

图 7-29 交叉选择

（2）布局传递。在原理图中，同一模块电路中的元件一目了然，但是当原理图中的元件被更新到 PCB 之后，具有相同封装的元件被放置在同一列，无法区分各模块电路中的元件，为此，立创 EDA 提供了"布局传递"功能。布局传递是将元件在原理图中的布局位置传递到 PCB 中的元件 PCB 封装布局位置。

例如，选中原理图中的"独立按键电路"模块中的所有元件，如图 7-30 所示。单击工具栏中的"工具"按钮，在下拉菜单中选择"布局传递"命令，如图 7-31 所示。或者按快捷键 Ctrl+Shift+X，即可切换至 PCB，编辑器将选中的元件 PCB 封装按照元件原理图符号在原理图中的相对位置进行摆放，如图 7-32 所示。

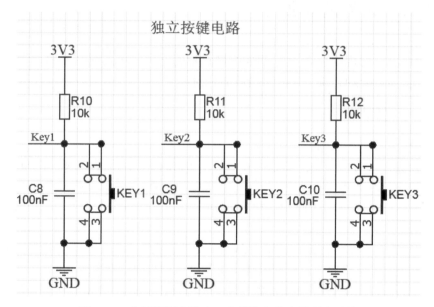

图 7-30　在原理图中选中一个模块电路中的所有元件

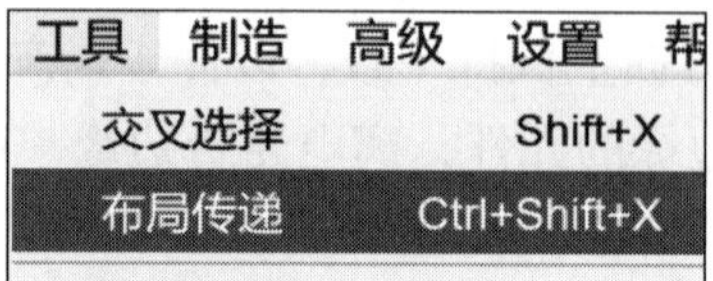

图 7-31　布局传递

单击放置 PCB 封装后，指针仍为手掌形状，单击 PCB 封装可进行细节调整。单击鼠标右键可将指针变回箭头形状。

（3）元件的复选。按下 Ctrl 键，同时单击元件，即可实现多个元件的复选。

（4）元件的对齐。首先选中需要对齐的元件，然后单击工具栏中的"格式"按钮，在下拉菜单中选择所需的对齐操作即可实现元件的对齐摆放，如图 7-33 所示。

（5）元件的旋转。单击选中待旋转的元件，然后单击工具栏中的"格式"按钮，在下拉菜单中选择所需的操作即可实现元件的旋转，如图 7-34 所示。也可选中元件，按空格键（若重设置旋转的快捷键为 R 键，则按 R 键）即可旋转元件。注意，PCB 封装不支持镜像操作。

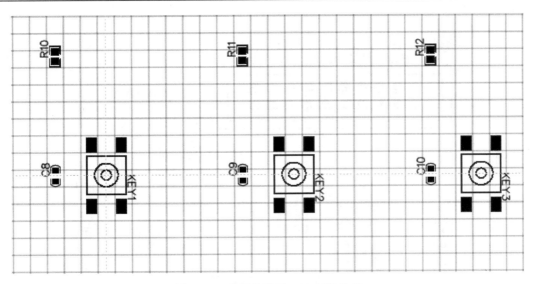

图 7-32　布局传递后 PCB 封装位置

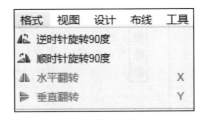

图 7-33　元件对齐工具栏　　　　　图 7-34　元件的旋转

　　STM32 核心板布局完成后的效果图如图 7-35 所示。图 7-36 是隐藏飞线后的布局效果图。

　　注意，对于初学者而言，建议第一次布局时严格参照 STM32 核心板实物进行布局，完成第一块电路板的 PCB 设计后，再尝试自行布局。编号为 J7 的底座是用于连接 OLED 显示模块的，J7 的坐标为（1177mil，-1531mil）。STM32F103RCT6 芯片周围有 4 个槽孔用于固定 OLED 显示模块，这 4 个槽孔的半径均为 53.6mil，坐标分别为：左上角槽孔圆心坐标（665mil，-1530mil），右上角槽孔圆心坐标（1690mil，-1530mil），左下角槽孔圆心坐标（665mil，-2631mil），右下角槽孔圆心坐标（1690mil，-2631mil）。读者可以自行选择是否在电路板上设计这 4 个槽孔。

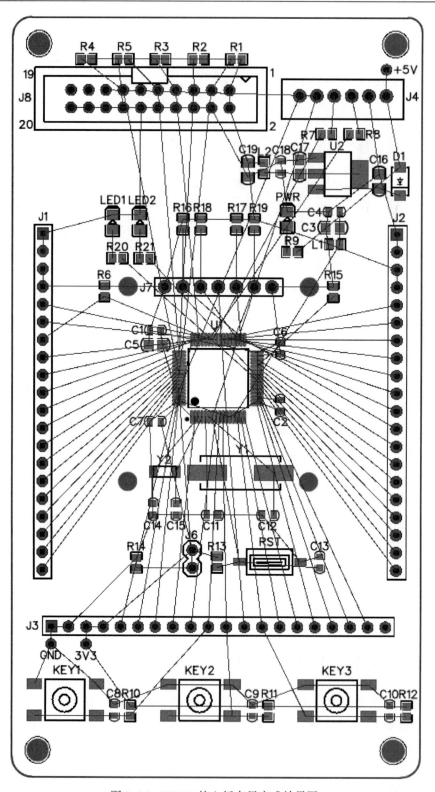

图 7-35 STM32 核心板布局完成效果图

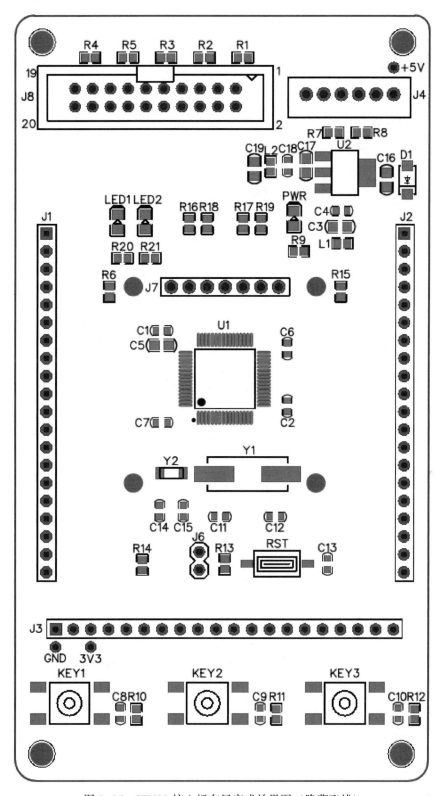

图 7-36 STM32 核心板布局完成效果图（隐藏飞线）

7.9 元件的布线

7.9.1 布线基本操作

（1）关闭飞线。飞线是基于相同网络产生的，当两个焊盘的网络相同时，将会出现飞线，表示这两个焊盘可以通过导线连接。如果需要关闭某条网络的飞线（即隐藏飞线），可以在设计管理器中取消勾选该网络。关闭 KEY1 网络的飞线之前的效果图如图 7-37 所示；在设计管理器中取消勾选 KEY1 网络后的效果图如图 7-38 所示，可以看到，KEY1 网络的飞线被隐藏了。基于该操作，可以在布线前将 GND 网络飞线隐藏，布线完成后再打开，这样可以减少飞线对布线的干扰。

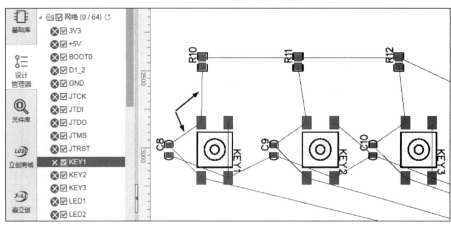

图 7-37 关闭 KEY1 网络飞线之前效果图

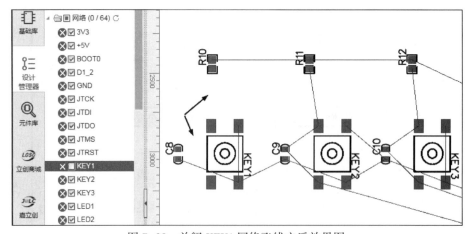

图 7-38 关闭 KEY1 网络飞线之后效果图

关闭飞线后，网络的导线将不会显示出来，而仅在导线的路径上显示网络名称。如图 7-39 所示是关闭 KEY1 网络飞线前的导线；关闭飞线后的导线被隐藏了，如图 7-40 所示，可以看到，只有网络名称 KEY1 显示在导线的路径上。

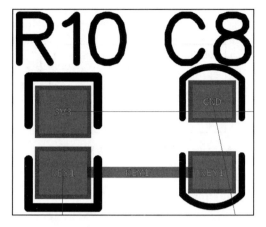 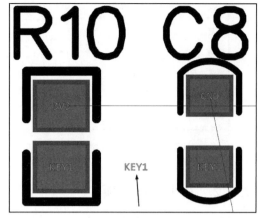

图 7-39　关闭 KEY1 网络飞线前的导线　　　图 7-40　关闭 KEY1 网络飞线后的导线

（2）选择布线工具。单击 PCB 工具中的 按钮，或按快捷键 W，在画布上单击开始绘制，再次单击确认布线；单击鼠标右键取消布线，再次单击鼠标右键即可退出布线模式。布线时要选择正确的层，铜箔层和非铜箔层都可用该布线工具绘制导线。

（3）修改导线属性。首先选择待修改属性的一段导线，然后在 PCB 设计环境右侧的"导线属性"面板中修改即可，如图 7-41 所示。

（4）切换布线活动层。在顶层绘制一段导线，单击确认布线，然后按 B 键，可以自动添加过孔，并自动切换到底层继续布线。按 T 键可由底层切换至顶层。

（5）调节导线线宽。在布线过程中，按+、-键可以调节当前导线的线宽，线宽以 2mil 的幅度递增或递减。也可以按 Tab 键修改线宽的参数。如果在布完一段导线后，要增大下一段导线的线宽，则先按 L 键，再按+键。

图 7-41　修改导线属性

（6）移动导线线段。单击选中一段导线，拖动即可调节其位置。

（7）切换布线角度。在布线过程中，按 L 键可以切换布线角度。布线角度有 4 种：90°布线、45°布线、任意角度布线和弧形布线。按空格键可以切换当前布线的角度。

（8）高亮显示网络。单击选中待高亮显示的网络的其中一段导线，按 H 键可以高亮显示该网络的所有导线，再次按 H 键，可以取消高亮显示。

（9）删除导线。在布线的过程中，要撤销上一段布线可以通过按 Delete 键实现；要删除导线的某一线段，可以按下 Shift 键，同时双击要删除的线段，或者选中要该线段，然后单击鼠标右键，在右键快捷菜单中选择"删除线段"命令即可实现。

（10）布线冲突。在 PCB 设计过程中，需要打开布线冲突中的"阻挡"功能，如图 7-42 所示。这样在布线过程中，不同网络之间将不相连。

（11）布线吸附。在布线过程中，需要打开"吸附"功能，如图 7-43 所示，这样布线时导线将自动吸附在焊盘的中心位置。

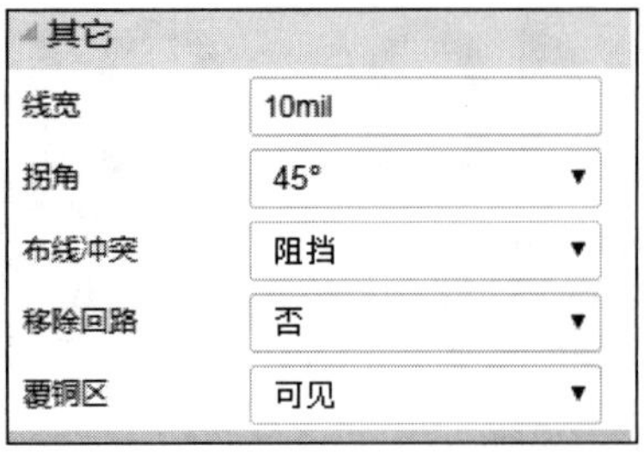

线宽	10mil		网格可见	是
拐角	45°		网格颜色	#FFFFFF
布线冲突	阻挡		网格样式	实线
移除回路	否		吸附	是
覆铜区	可见			

图 7-42　布线冲突 　　　　　　　　　图 7-43　布线吸附

7.9.2　布线注意事项

布线时应注意以下事项。

（1）电源主干线原则上要加粗（尤其是电路板的电源输入/输出线）。对于 STM32 核心板，电源输出线包括"OLED 显示屏接口电路"模块电源线、"JTAG/SWD 调试接口电路"模块电源线和"外扩引脚"电源线。建议将 STM32 核心板的电源线线宽设置为 30mil，如图 7-44 所示。可以看到，图中还有一些电源线未加粗，这是因为这些电源线并非电源主干线。

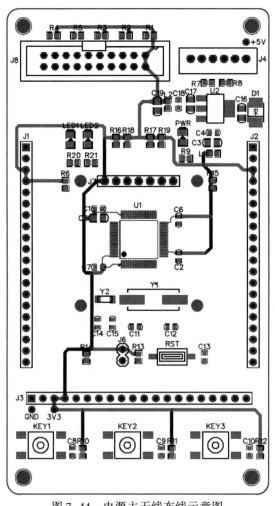

图 7-44　电源主干线布线示意图

从严格意义上讲，导线上能够承载的电流大小取决于线宽、线厚及容许温升。在25℃时，对于铜厚为35μm的导线，10mil（0.25mm）线宽能够承载0.65A电流，40mil（1mm）线宽能够承载2.3A电流，80mil（2mm）线宽能够承载4A电流。温度越高，导线能够承载的电流越小。因此保守考虑，在实际布线中，如果导线上需要承载0.25A电流，则应将线宽设置为10mil；如果需要承载1A电流，则应将线宽设置为40mil，如果需要承载2A电流，则应将线宽设置为80mil，依次类推。

在PCB设计和打样中，常用OZ（盎司）作为铜皮厚度（简称铜厚）的单位，1OZ铜厚定义为1平方英寸面积内铜箔的重量为1盎司，对应的物理厚度为35μm。PCB打样厂使用最多的板材规格为1OZ铜厚。

（2）PCB布线不要距离定位孔和电路板边框太近，否则在进行PCB钻孔加工时，导线很容易被切掉一部分甚至被切断。图7-45所示的布线（JTRST网络）与定位孔之间的距离适中，而图7-46所示的布线（JTRST网络）与定位孔之间的距离太近。

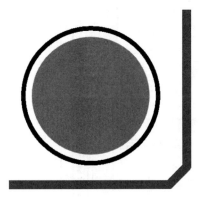 

图7-45　布线与定位孔之间的距离适中　　图7-46　布线距离定位孔太近

（3）同一层禁止90°拐角布线（见图7-47），不同层之间允许过孔90°布线（见图7-48）。此外，布线时尽可能遵守一层水平布线、另一层垂直布线的原则。

 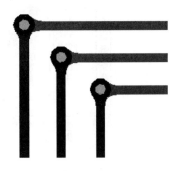

图7-47　同一层90°拐角布线（禁止）　　图7-48　不同层之间过孔90°布线（允许）

（4）高频信号线，如STM32核心板上晶振电路的布线，不要加粗。建议将线宽设置为10mil，且尽可能布线在同一层。

7.9.3 STM32 核心板分步布线

布局合理，布线就会变得顺畅。如果是第一次布线，建议读者按照下面的步骤进行操作。熟练掌握后方可按照自己的思路尝试布线。实践证明，每多布一次线，布线水平就会有所提升，尤其是前几次尤为明显。由此可见，掌握 PCB 设计的诀窍很简单，就是反复多练。STM32 的布线可分为以下七步。

第一步：从 STM32F103RCT6 的部分引脚引出连线到排针，如图 7-49 所示，引出的引脚

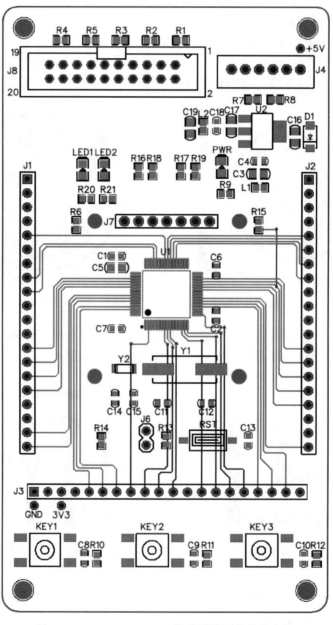

图 7-49　STM32F103RCT6 部分引脚到排针的布线

不包括以下引脚：通信-下载模块接口电路的 2 个引脚 PA9（USART1_TX）和 PA10（USART1_RX），JTAG/SWD 调试接口电路的 5 个引脚 PA13（JTMS）、PA14（JTCK）、PA15（JTDI）、PB3（JTDO）、PB4（JTRST），OLED 显示屏接口电路的 4 个引脚 PB12（OLED_CS）、PB13（OLED_SCK）、PB14（OLED_RES）、PB15（OLED_DIN），LED 电路的 2 个引脚 LED1（PC4）、LED2（PC5）。

第二步：电源线布线，主要针对电源转换电路，以及其余模块的电源线部分，如图 7-50 所示。

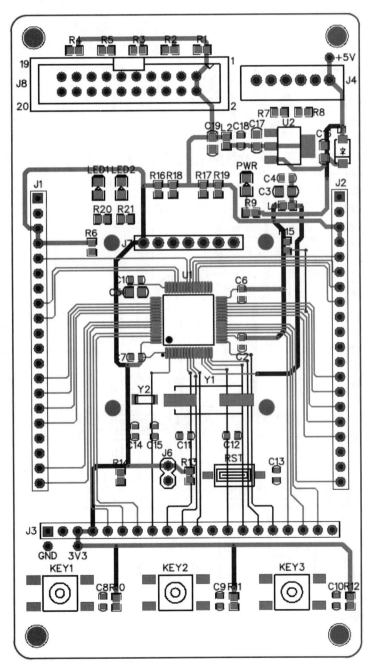

图 7-50 电源线布线

第三步：独立按键电路模块的布线，如图 7-51 所示。

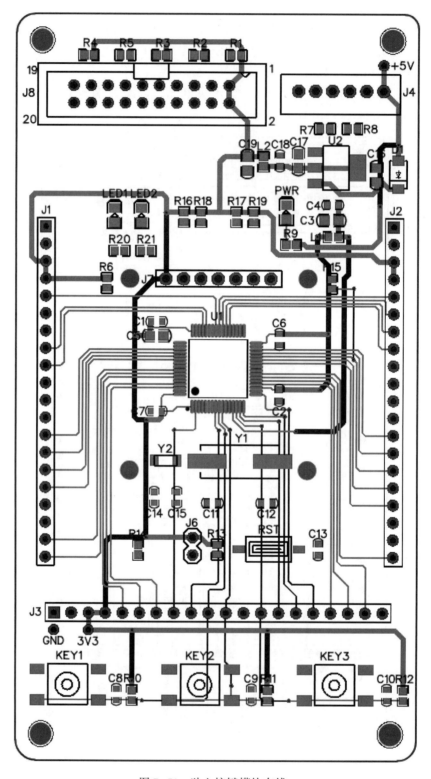

图 7-51 独立按键模块布线

第四步：JTAG/SWD 调试接口电路和通信-下载模块接口电路的布线，如图 7-52 所示。

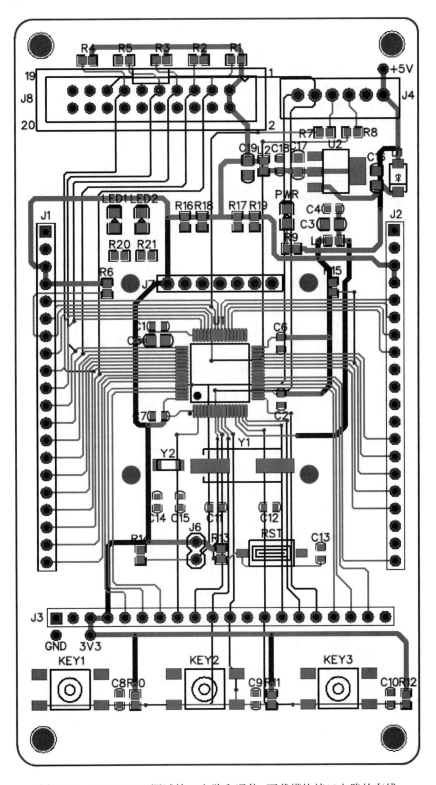

图 7-52　JTAG/SWD 调试接口电路和通信-下载模块接口电路的布线

第五步：LED 电路和晶振电路的布线，如图 7-53 所示。

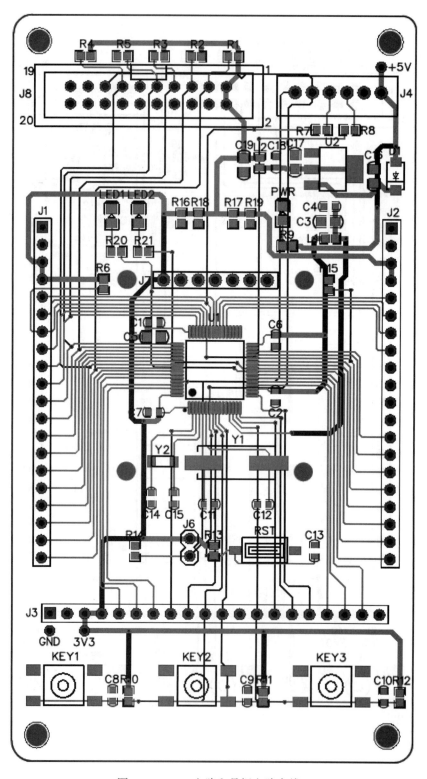

图 7-53　LED 电路和晶振电路布线

第六步：OLED 显示屏接口电路的布线，如图 7-54 所示。

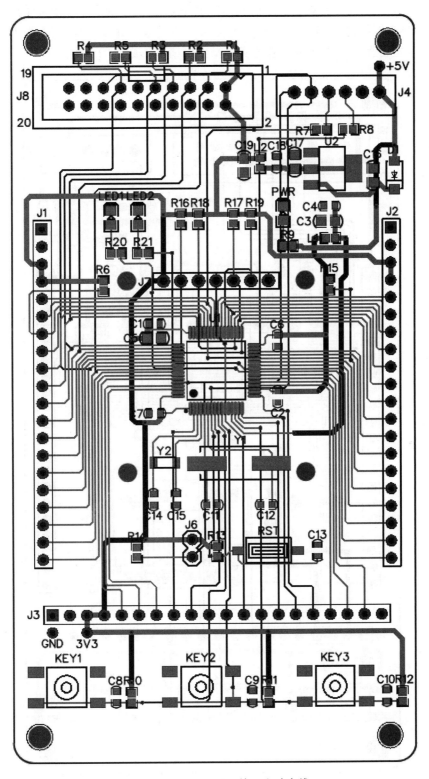

图 7-54　OLED 显示屏接口电路布线

第七步：GND（地）网络布线，如图 7-55 所示，建议将 GND 网络的线宽设置为 30mil。注意，由于绝大多数双面电路板的覆铜网络都是 GND 网络，因此有的工程师在布线时习惯不对 GND 网络进行布线，而是依赖覆铜，但是本书建议对所有网络（包括 GND 网络）布线后再进行覆铜，这样可以避免实际操作中诸多不必要的麻烦。

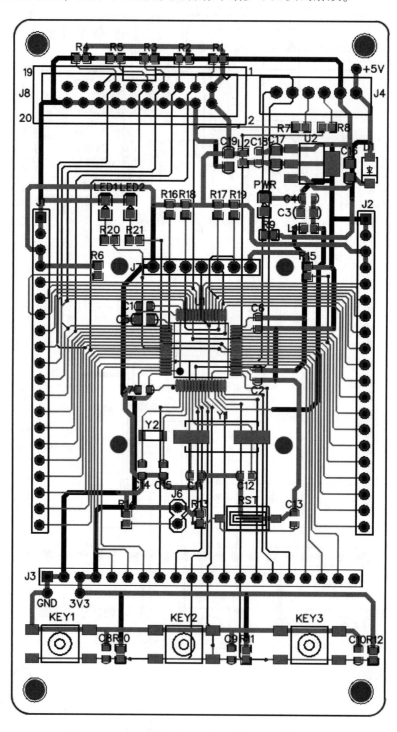

图 7-55　GND 网络布线（即完成整个电路的布线）

第 7 章　STM32 核心板 PCB 设计

7.10　丝印

丝印是指印刷在电路板表面的图案和文字，丝印字符布置原则是"不出歧义，见缝插针，美观大方"。添加丝印就是在 PCB 的上下表面印刷上所需要的图案和文字等，主要是为了方便电路板的焊接、调试、安装和维修等。

7.10.1　添加丝印

本节详细介绍如何在顶层丝印层和底层丝印层添加丝印。

1. 在顶层丝印层添加丝印

在"层与元素"面板中选择"顶层丝印层"，如图 7-56 所示。

单击 PCB 工具中的 T 按钮，这时指针处会出现 TEXT 字符，接着按 Tab 键，在弹出的"属性"文本框中输入要添加的丝印文本，如图 7-57 所示，输入 GND，然后单击"确定"按钮。

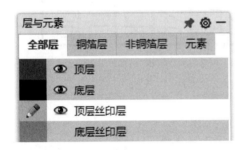

图 7-56　选择顶层丝印层

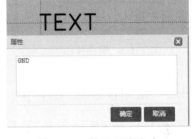

图 7-57　输入丝印文本

这时指针处的 TEXT 文本变成 GND，单击放置在 PCB 相应的位置上。然后，单击选中丝印 GND，在 PCB 设计环境右侧的"文本属性"面板中修改文本的线宽、高等参数，如图 7-58 所示，设置丝印文本的线宽为 6mil，高为 45mil。

2. 在底层丝印层添加丝印

在"层与元素"面板中选择"底层丝印层"，其余操作与在顶层丝印层添加丝印相似。也可在"文本属性"面板中的"层"下拉菜单中选择"底层丝印"，将顶层丝印切换为底层丝印。顶层丝印和底层丝印效果图如图 7-59 所示，两者呈镜像关系。

图 7-58　修改丝印文本属性

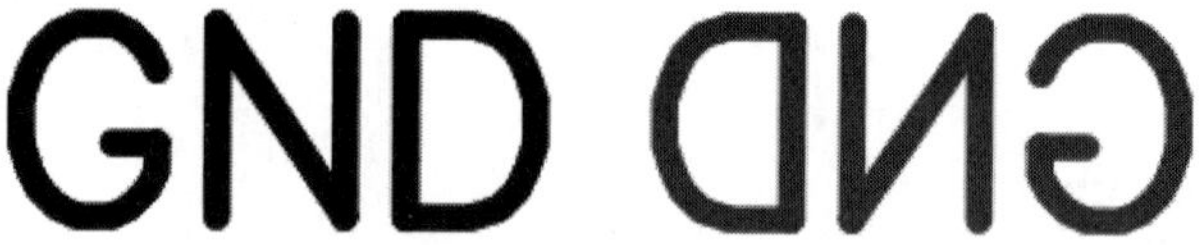

图 7-59 顶层丝印（左）和底层丝印（右）

7.10.2 丝印的方向

丝印的摆放方向应遵守"从左到右，从上到下"的原则。也就是说，如果丝印是横排的，则首字母须位于左侧，如图 7-60 所示；如果丝印是竖排的，则首字母须位于上方，如图 7-61 所示。

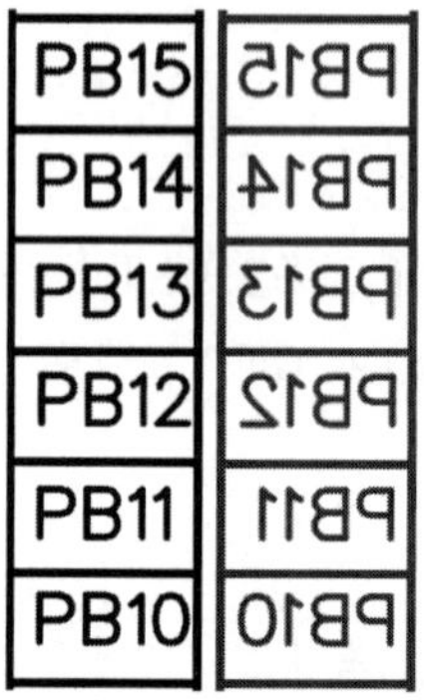

图 7-60 横排丝印

图 7-61 竖排丝印

7.10.3 批量添加底层丝印

对于直插件（如 PH 座子、XH 座子、简牛等），在顶层丝印层和底层丝印层均需要添加引脚名丝印，并用丝印线条将相邻的引脚名丝印隔开，这样做以便于电路板调试。

由于直插件的顶层丝印和底层丝印通常是对称的，因此，添加完顶层丝印后，可以通过复制的方式添加底层丝印。以 STM32 核心板上的 J2 排针的引脚丝印为例，首先框选 J2 的顶层丝印，按快捷键 Ctrl+C 复制，再按快捷键 Ctrl+V 粘贴，这时指针上带有被复制的丝印；然后，在 PCB 设计环境右侧的"多对象属性"面板中的"层"下拉菜单中选择"底层丝印"，如图 7-62 所示，指针上的丝印就会镜像翻转，将其放置在相应的位置即可。

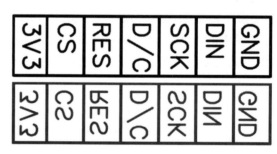

图 7-62 修改多对象属性

添加丝印线条的方法：首先将 PCB 工作层切换到丝印顶层，然后单击 PCB 工具中的 按钮即可开始绘制。顶层丝印线条绘制完成后，可以在"层与元素"面板中单击"元素"标签页，然后单击"文本"前面的"眼睛"图标，隐藏文本，如图 7-63 所示，这样就可以很方便地只复制顶层丝印线条。用同样的方法添加底层丝印线条，全部添加完成后的效果图如图 7-64 所示。

第 7 章　STM32 核心板 PCB 设计

图 7-63　隐藏文本　　　　图 7-64　J2 排针丝印

7.10.4　STM32 核心板丝印效果图

STM32 核心板顶层丝印效果图如图 7-65 所示，底层丝印效果图如图 7-66 所示。

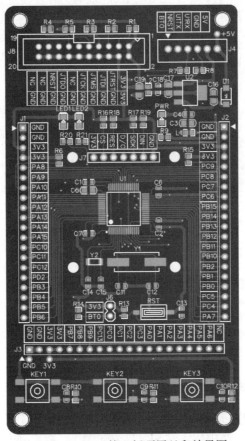

图 7-65　STM32 核心板顶层丝印效果图

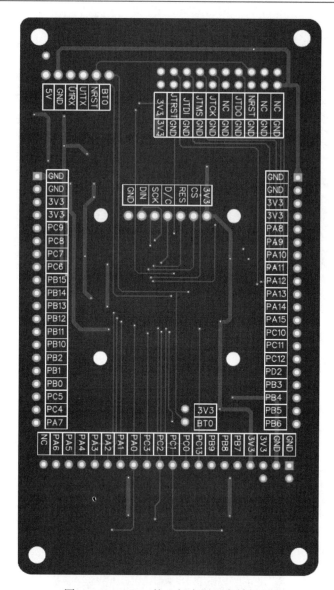

图 7-66 STM32 核心板底层丝印效果图

7.11 添加电路板信息和信息框

为了便于产品管理，可在电路板上添加电路板名称、版本信息及信息框。下面详细介绍如何添加上述信息。

7.11.1 添加电路板名称丝印

在"层与元素"面板中选择"顶层丝印层"，单击 PCB 工具中的 T 按钮，然后按 Tab 键，在弹出的"属性"文本框中输入"STM32 核心板"。将文本属性设置为高 100mil，线宽 6mil，并放置在按键下方的位置，如图 7-67 所示。

图 7-67 电路板名称-STM32 核心板

7.11.2 添加版本信息和信息框

添加版本信息可方便对电路板进行版本管理。由于版本信息位于电路板底层，因此，在"层与元素"面板中选择"底层丝印层"，单击 PCB 工具中的 T 按钮，然后按 Tab 键，在弹出的"属性"文本框中输入"STM32CoreBoard-V1.0.0-20190507"，将文本属性设置为高 45mil，线宽 6mil，并放置在底层中间的位置。

信息框主要用于对电路板进行编号，或粘贴电路板编号标签。首先，在"层与元素"面板中选择"底层丝印层"，然后，单击 PCB 工具中的 □ 按钮，绘制一个矩形。在"属性"对话框中设置矩形宽为 20mm，高为 10mm。

版本信息和信息框添加完成后的效果图如图 7-68 所示。

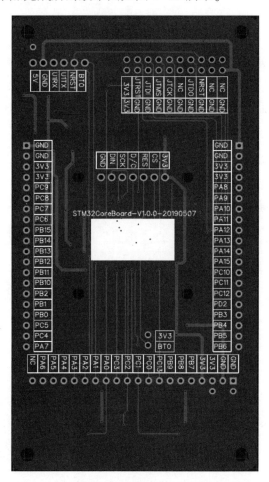

图 7-68 添加版本信息和信息框后的效果图

7.11.3 添加 PCB 信息

首先，在“层与元素”面板中选择“文档”层，添加如图 7-69 所示的信息，并将其放置在 PCB 的上方。图中的信息分别表示：PCB 设计使用的是 LCEDA 软件，电路板版本为 V1.0.0，PCB 设计日期为 2019 年 5 月 7 日，电路板长宽尺寸为 109 * 59mm，电路板厚度为 1.6mm，电路板名称为 STM32CoreBoard，电路板层数为 2，板材类型为 FR4，电路板颜色为蓝色，铜箔厚度为 1OZ，设计者为 SZLY。注意，在 PCB 打样时，这些信息是被忽略的。

```
   EDA : LCEDA
   VER : V1.0.0
  DATE : 20190507
   L*W : 109*59mm
     H : 1.6mm
  NAME : STM32CoreBoard
 LAYER : 2
 STYLE : FR4
COLOUR : BLUE
    CU : 1 OZ
DESIGN : SZLY
```

图 7-69 添加 PCB 信息

7.12 泪滴

在电路板设计过程中，常常需要在导线和焊盘或过孔的连接处补泪滴，这样做有两个好处：(1) 在电路板受到巨大外力的冲撞时，避免导线与焊盘、或导线与导线的断裂；(2) 在 PCB 生产过程中，避免由蚀刻不均或过孔偏位导致的裂缝。下面介绍如何添加和删除泪滴。

7.12.1 添加泪滴

在 PCB 设计环境中，单击工具栏中的“工具”按钮，在下拉菜单中选择“泪滴”命令，如图 7-70 所示。

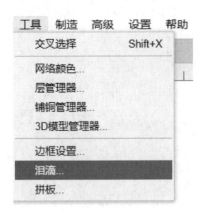

图 7-70 选择“泪滴”命令

在"泪滴"对话框中,单击"新增"按钮,再单击"应用"按钮即可添加泪滴,如图 7-71 所示。

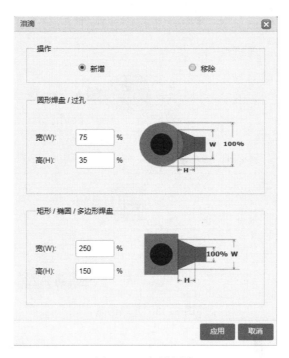

图 7-71 新增泪滴

执行完上述操作后,可以看到电路板上的焊盘与导线的连接处增加了泪滴,如图 7-72 所示。

图 7-72 添加泪滴后的焊盘

7.12.2 删除泪滴

对电路重新布线时,有时需要先删除泪滴。具体方法是:在 PCB 设计环境中,单击工具栏中的 ▼ 按钮,在下拉菜单中选择"泪滴"命令,然后在"泪滴"对话框中单击"移除"按钮,最后单击"应用"按钮即可删除泪滴,如图 7-73 所示。

执行完上述操作后,可以看到电路板上的焊盘与导线连接处的泪滴已全部被删除,如图 7-74 所示。

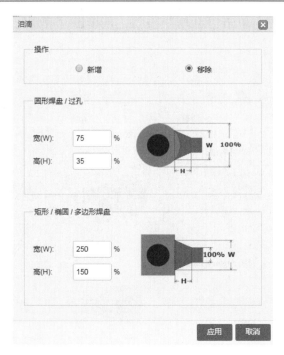

图 7-73 删除泪滴

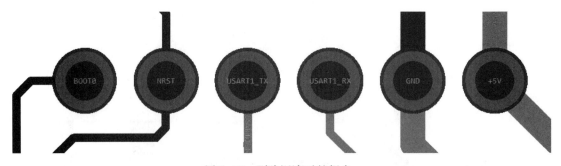

图 7-74 删除泪滴后的焊盘

 7.13 覆铜

覆铜是指将电路板上没有布线的部分用固体铜填充,又称为灌铜,一般与电路的一个网络相连,多数情况是与 GND 网络相连。对大面积的 GND 或电源网络覆铜将起到屏蔽作用,可提高电路的抗干扰能力;此外,覆铜还可以提高电源效率,与地线相连的覆铜可以减小环路面积。

对于 STM32 核心板,将覆铜网络设置为 GND。以顶层覆铜为例,首先在"层与元素"面板中选择"顶层",单击 PCB 工具中的 按钮,或按 E 键开始绘制覆铜。在 PCB 边框外部沿着边框绘制一个比边框略大的矩形框,结束绘制时单击鼠标右键,系统将自动填充,如图 7-75 所示。

第 7 章　STM32 核心板 PCB 设计

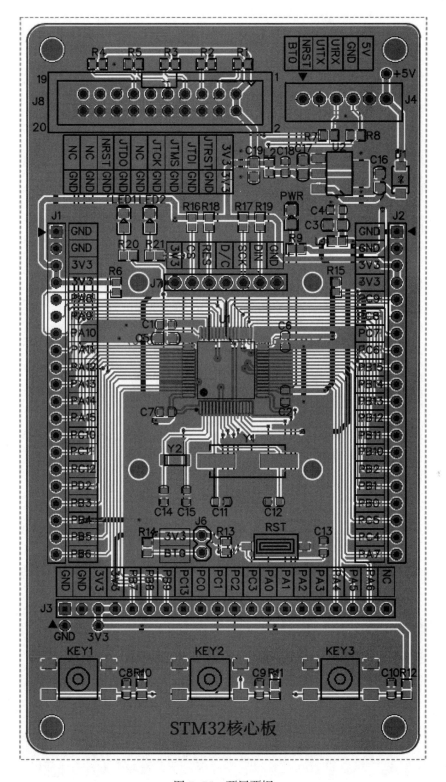

图 7-75　顶层覆铜

完成顶层覆铜后，用类似的方法给底层覆铜。底层覆铜后如图 7-76 所示。

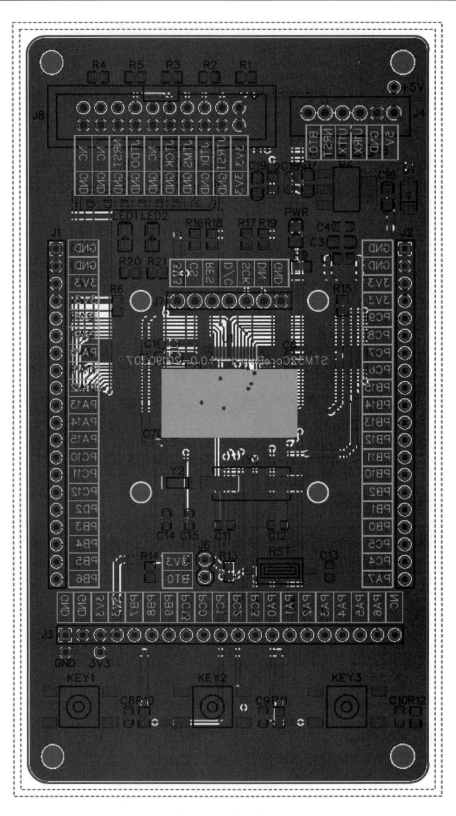

图 7-76 底层覆铜

选中覆铜线框（即图 7-76 中外围两条虚线框），可在 PCB 设计环境右侧的"覆铜属性"面板中修改属性，如图 7-77 所示。覆铜区距离其他同层电气元素的间距为 10mil；焊盘与覆铜的连接样式为"发散"；"保留孤岛"选择"否"可以去除死铜；"填充样式"选择"全填充"；如果对 PCB 做了修改，或者修改了覆铜属性，则可通过单击"重建覆铜区"按钮或按快捷键 Shift+B 重建所有覆铜区，无须重新绘制覆铜区。如果要清除所有覆铜区，可按快捷键 Shift+M。

图 7-77 覆铜属性

7.14 DRC 规则检查

DRC 规则检查是根据设计者设置的规则对 PCB 设计进行检查。在 PCB 设计环境下，单击打开"设计管理器"，然后刷新"DRC 错误"，如图 7-78 所示。一旦检查出 PCB 有违反规则的地方，错误信息将会显示在"DRC 错误"目录下。

图 7-78 DRC 规则检查

本章任务

完成本章的学习后,应能够参照 STM32 核心板实物,完成整个 STM32 核心板的 PCB 设计。

****

本章习题

1. 简述 PCB 设计的流程。
2. 泪滴的作用是什么?
3. 覆铜的作用是什么?

第 8 章 创建元件库

一名高效的硬件工程师通常会按照一定的标准和规范创建自己的元件库,这就相当于为自己量身打造了一款尖兵利器,这种统一和可重用的特点使得工程师在进行硬件电路设计时能够提高效率。对于企业而言,建立属于自己的元件库更为重要,在元件库的制作及使用方面制定严格的规范,既可以约束和管理硬件工程师,又能加强产品硬件设计的规范,提升产品协同开发的效率。

可见,规范化的元件库对于硬件电路的设计开发非常重要。尽管立创 EDA 已经提供了丰富的元件库资源,但由于元件种类众多,而且有些元件可能不包含在库中。因此,考虑到个性化的设计需求,有必要建立自己专属的既精简又实用的元件库。鉴于此,本章将以 STM32 核心板所使用到的元件为例,重点讲解元件库的制作。

每个元件都有非常严格的标准,都与实际的某个品牌、型号一一对应,并且每个元件都有完整的元件信息(如名称、封装、编号、供应商、供应商编号、制造商、制造商料号)。这种按照严格标准制作的元件库会让整个设计变得非常简单、可靠、高效。学习完本章后,读者可参照本书提供的标准,或对其进行简单的修改,来制作自己的元件库。

学习目标:
- 掌握原理图库的创建方法以及原理图符号的制作方法。
- 掌握 PCB 库的创建方法以及 PCB 封装的制作方法。

8.1 创建原理图库

原理图库由一系列元件的图形符号组成。尽管立创 EDA 提供了大量的原理图符号,但是在电路设计过程中,仍有一些原理图符号无法在库里找到,或者立创 EDA 已有的原理图符号不能满足设计者的需求。因此,设计者有必要掌握自行设计原理图符号的技能,并能够建立个人的原理图库。

8.1.1 创建原理图库的流程

创建原理图库的流程(见图 8-1)包括:(1)新建原理图库;(2)新建元件;(3)绘制元件符号;(4)添加引脚(设置极性);(5)添加元件属性信息;(6)添加 PCB 封装。如果需要在原理图库中添加不止一种元件的原理图符号,可以通过重复(2)~(6)的操作来实现。

8.1.2 新建原理图库

如图 8-2 所示,单击工具栏中的"文件"按钮,在下拉菜单中执行"新建"→"符号"命令,打开一个空白的库文件。

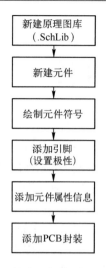

图 8-1 创建元件的原理图库流程

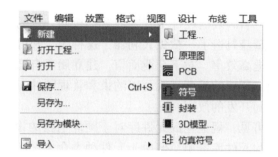

图 8-2 新建符号

8.1.3 制作电阻原理图符号

1. 绘制元件符号

首先，在"画布属性"面板中将网格大小和栅格尺寸设置为10，将"ALT 键栅格"设置为5。单击绘图工具中的 按钮，按 Alt 键，绘制如图 8-3 所示的电阻原理图符号的边框。

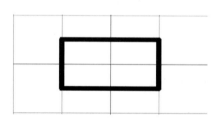

图 8-3 绘制电阻原理图符号边框

然后，单击绘图工具中的 按钮，添加电阻原理图符号的引脚，如图 8-4 所示。注意，引脚的端点应朝外，因为它是用于连接导线的连接点。

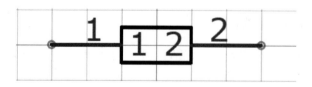

图 8-4 添加电阻原理图符号引脚

接下来需要编辑引脚属性。单击选中引脚 1，在"引脚属性"面板中设置"显示名字"和"显示编号"为"否"；设置引脚长度为10；因为引脚的长度改变了，所以通过设置"起点 X"为 -20 来调整引脚的位置，如图 8-5 所示。

以同样的方法编辑引脚 2 的属性。最终的电阻原理图符号外形如图 8-6 所示。

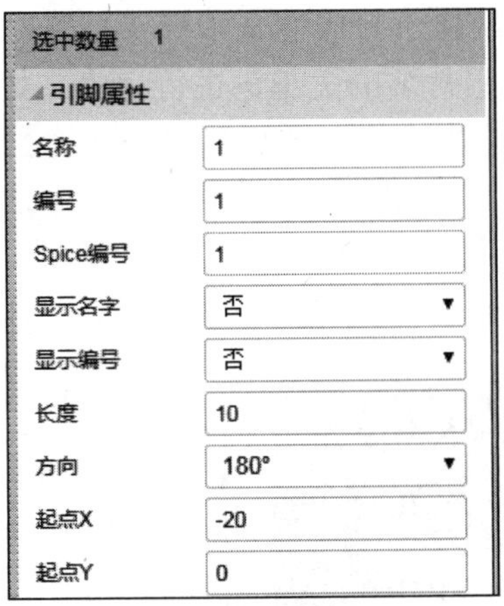

第 8 章 创建元件库

图 8-5 编辑引脚 1 的属性

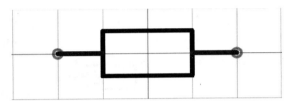

图 8-6 电阻原理图符号外形

2. 添加属性信息

在"自定义属性"面板中可以设置电阻的名称、封装和编号等信息。本书选用立创商城编号为 C25804 的 10kΩ 电阻（0603 封装），其详细信息如图 8-7 所示。

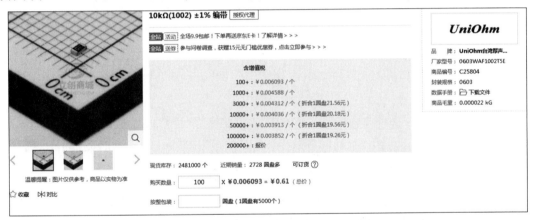

图 8-7 立创商城 10kΩ 电阻（0603 封装）的信息

如图 8-8 所示，根据立创商城所给信息设置电阻的属性。"名称"为 10kΩ（1002）±1%；"封装"为 R 0603；"编号"为 R?；"供应商"为"立创商城"；"供应商编号"为 C25804；"制造商"为"UniOhm 台湾厚声"；"制造商料号"为 0603WAF1002T5E。

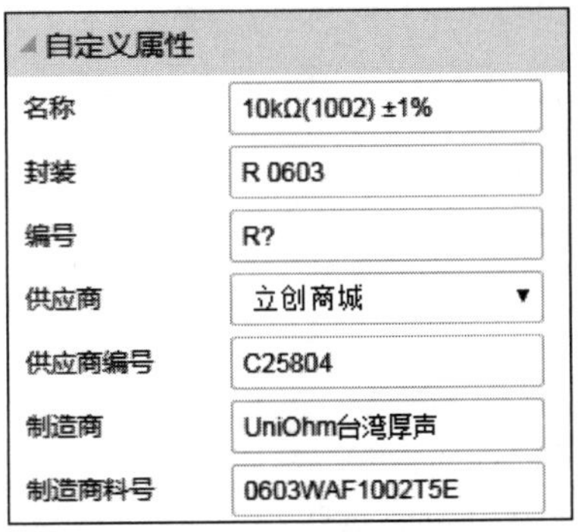

图 8-8 设置电阻属性信息

添加封装的方法是：单击"自定义属性"面板中"封装"对应的文本框，打开"封装管理器"对话框，如图 8-9 所示，在右侧"搜索"框中用封装的关键词进行搜索，如搜索 R 0603。在"库别"中选择封装库，在搜索结果中单击选中一个封装后可以查看"封装焊盘信息"，根据实际需求选择其中一个，然后单击"更新"按钮即可分配封装。更新成功后单击"取消"按钮，关闭对话框。

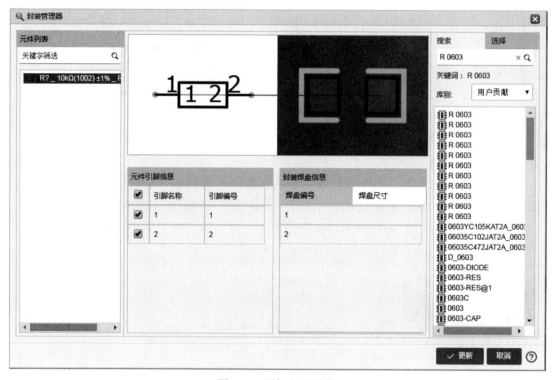

图 8-9　添加电阻封装

在"文件"下拉菜单中单击"保存"命令，打开"保存为原理图库文件"对话框，单击"保存"按钮，即可保存电阻封装，如图 8-10 所示。

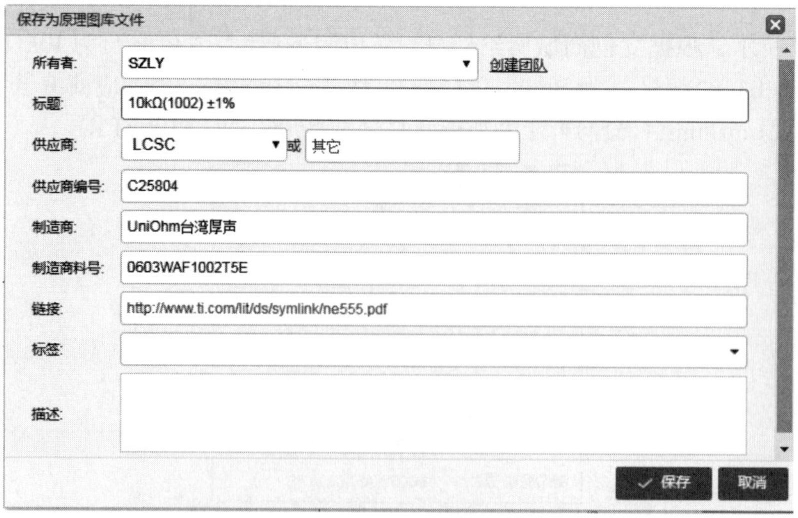

图 8-10　保存电阻封装

第 8 章　创建元件库

至此，10kΩ 电阻的原理图符号已经制作完毕，在"元件库"→"符号"→"工作区"中可以找到，如图 8-11 所示。

图 8-11　个人库中的 10kΩ 电阻原理图符号

8.1.4　制作蓝色发光二极管原理图符号

1. 绘制元件符号

首先，在"画布属性"面板中将网格大小和栅格尺寸均设置为 10，将"ALT 键栅格"设置为 5。单击绘图工具中的 ⟐ 按钮，绘制如图 8-12 所示的发光二极管原理图符号的边框。

单击选中发光二极管的边框，在原理图库设计界面右侧的"多边形"面板中将"颜色"和"填充颜色"设置为蓝色，如图 8-13 所示。

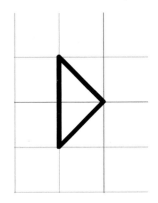

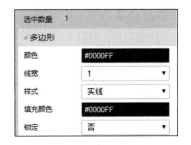

图 8-12　绘制发光二极管原理图符号边框　　图 8-13　设置发光二极管原理图符号边框颜色

按照图 8-14 所示的原理图符号，单击绘图工具中的 ⟋ 按钮绘制其余直线，再将直线和多边形的颜色设置为蓝色。

然后，单击绘图工具中的按钮，给蓝色发光二极管添加引脚。注意，发光二极管的引脚有正负极之分，如图 8-15 所示。

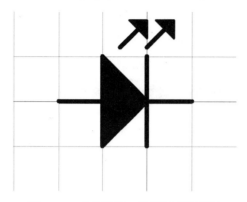

图 8-14　蓝色发光二极管原理图符号

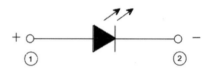

图 8-15　发光二极管极性示意图

接下来编辑引脚属性。单击选中左边的引脚 1，在"引脚属性"面板中设置"名称"为 A（即 Anode，表示正极），设置"显示名字"和"显示编号"为"否"；设置引脚长度为 10，如图 8-16 所示。

引脚 2 的属性如图 8-17 所示，"名称"为 K（即 Kathode，表示负极）。

选中数量	1
引脚属性	
名称	A
编号	1
Spice编号	1
显示名字	否
显示编号	否
长度	10
方向	180°
起点X	-30
起点Y	0

图 8-16　编辑引脚 1 的属性

选中数量	1
引脚属性	
名称	K
编号	2
Spice编号	2
显示名字	否
显示编号	否
长度	10
方向	0°
起点X	20
起点Y	0

图 8-17　编辑引脚 2 的属性

添加引脚后的蓝色发光二极管原理图符号如图 8-18 所示。

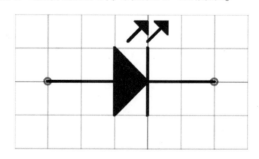

图 8-18　添加引脚后的蓝色发光二极管原理图符号

2. 添加属性信息

在"自定义属性"面板中可以设置蓝色发光二极管的名称、封装和编号等信息。本书选用立创商城编号为 C84259 的蓝色发光二极管（0805 封装），其详细信息如图 8-19 所示。

图 8-19　立创商城 C84259 蓝色发光二极管（0805 封装）的信息

参照给电阻添加"自定义属性"的方法，根据上述信息，设置蓝色发光二极管的属性信息，如图 8-20 所示。

图 8-20　设置蓝色发光二极管属性信息

在"封装管理器"对话框中，搜索蓝色发光二极管的封装（LED 0805B），然后单击"更新"按钮分配封装，如图 8-21 所示。

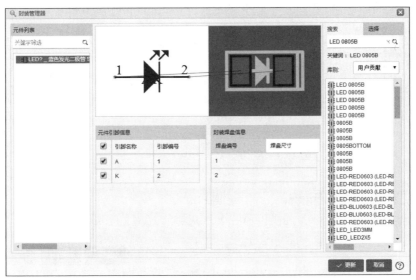

图 8-21　添加蓝色发光二极管封装

最后，在"文件"下拉菜单中执行"保存"命令，将蓝色发光二极管的原理图符号保存到个人库中。

8.1.5 制作简牛原理图符号

1. 绘制元件符号

除了前面介绍的原理图符号绘制方法，还可以使用"原理图库向导"快速创建原理图符号。简牛的原理图符号如图 8-22 所示，需要说明的是，本节制作的简牛原理图符号的引脚信息比原理图中所使用的原理图符号详细，在绘制原理图时，两种原理图符号均可采用。

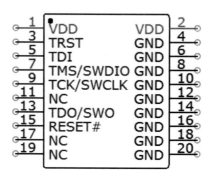

图 8-22　简牛原理图符号

首先，新建一个空白的库文件，然后，单击工具栏中的"工具"按钮，打开"符号向导"对话框，如图 8-23 所示。

图 8-23　"符号向导"对话框

在"符号向导"对话框中输入"编号"为"J?","名称"为"简牛2.54mm 2 * 10P 直","样式"选择DIP-B,并编辑引脚信息,如图8-24所示,然后单击"确定"按钮。

用"符号向导"创建的简牛原理图符号如图8-25所示。

图8-24 设置"符号向导"信息

将网格大小和栅格尺寸设置为10,发现引脚未在格点上,单击工具栏中的"编辑"按钮,在下拉菜单中选择"拖移"命令,如图8-26所示。

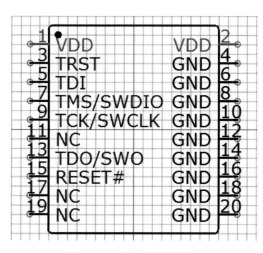

图8-25 用"符号向导"创建的简牛原理图符号

图8-26 选择"拖移"命令

选择"拖移"命令后,指针变为手掌形状,然后框选简牛原理图符号,按住 Alt 键,将简牛原理图符号拖移到合适的位置,使得引脚都在格点上,如图 8-27 所示。单击鼠标右键,即可退出"拖移"状态。

将简牛原理图符号的引脚长度修改为 20,如图 8-28 所示。

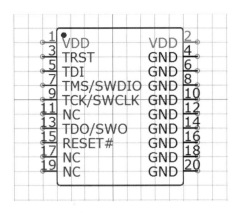 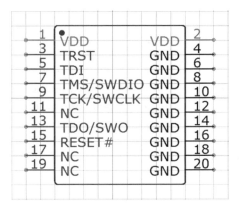

图 8-27 拖移简牛原理图符号至合适位置　　图 8-28 修改简牛原理图符号引脚长度

最后,将画布原点设置在图形的中心,具体操作是:单击工具栏中的"放置"按钮,在下拉菜单中选择"画布原点"→"从图形中心格点"命令,如图 8-29 所示,即可将画布原点设置在图形的中心。

图 8-29 设置画布原点的位置

2. 添加属性信息

本书选用立创商城编号为 C3405 的简牛,其详细信息如图 8-30 所示。

图 8-30 立创商城 C3405 简牛的信息

根据上述信息，设置简牛的属性信息，如图 8-31 所示。

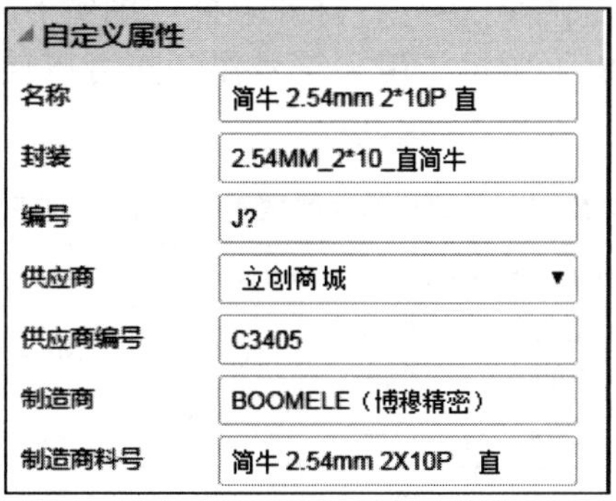

图 8-31 设置简牛的属性信息

在"封装管理器"对话框中，搜索简牛的封装，然后单击"更新"按钮分配封装，如图 8-32 所示。

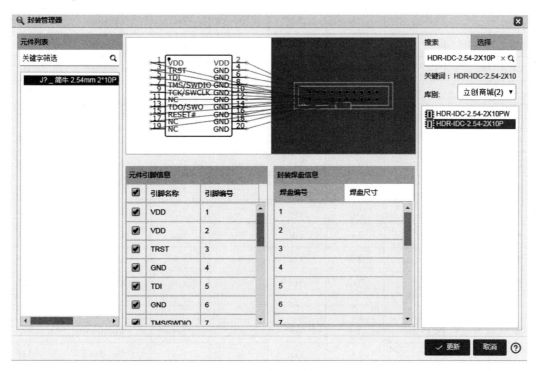

图 8-32 设置简牛封装

最后，将制作好的简牛原理图符号保存到个人库中。

8.1.6 制作 STM32F103RCT6 芯片原理图符号

1. 绘制元件符号

本节以 STM32F103RCT6 芯片为例，介绍如何使用"符号向导"中的高级功能来创建复杂的原理图符号，以及如何创建原理图库子库。创建原理图库子库的原因是，如果将一个有很多引脚的元件画在一个库文件中，会占用很大的空间，可以通过创建多个子库，再将所有子库组合起来，从而构成该元件。

使用高级功能时，需要先下载原理图库创建模板表格（https://image.lceda.cn/files/Schematic-Library-Wizard-Template.xlsx），打开表格后编辑 STM32F103RCT6 芯片原理图符号引脚的属性和方位，如表 8-1 所示。用 * 符号作分隔可以使引脚之间产生空格。引脚按照逆时针方向放置。

表 8-1　STM32F103RCT6 芯片原理图符号部分引脚属性和方位表

Number	Name	Number Display	Name Display	Clock	Show	Electric	Position
		Please copy the content without title, and paste on the schematic library wizard.					
14	PA0-WKUP	Yes	Yes	No	Yes	Undefined	Left
15	PA1	Yes	Yes	No	Yes	Undefined	Left
16	PA2	Yes	Yes	No	Yes	Undefined	Left
17	PA3	Yes	Yes	No	Yes	Undefined	Left
20	PA4	Yes	Yes	No	Yes	Undefined	Left
21	PA5	Yes	Yes	No	Yes	Undefined	Left
22	PA6	Yes	Yes	No	Yes	Undefined	Left
23	PA7	Yes	Yes	No	Yes	Undefined	Left
*	*	*	*	*	*	*	Left
41	PA8	Yes	Yes	No	Yes	Undefined	Left
42	PA9	Yes	Yes	No	Yes	Undefined	Left
43	PA10	Yes	Yes	No	Yes	Undefined	Left
44	PA11	Yes	Yes	No	Yes	Undefined	Left
45	PA12	Yes	Yes	No	Yes	Undefined	Left
46	PA13	Yes	Yes	No	Yes	Undefined	Left
49	PA14	Yes	Yes	No	Yes	Undefined	Left
50	PA15	Yes	Yes	No	Yes	Undefined	Left
*	*	*	*	*	*	*	Left
8	PC0	Yes	Yes	No	Yes	Undefined	Left
9	PC1	Yes	Yes	No	Yes	Undefined	Left
10	PC2	Yes	Yes	No	Yes	Undefined	Left
11	PC3	Yes	Yes	No	Yes	Undefined	Left
24	PC4	Yes	Yes	No	Yes	Undefined	Left
25	PC5	Yes	Yes	No	Yes	Undefined	Left
37	PC6	Yes	Yes	No	Yes	Undefined	Left
38	PC7	Yes	Yes	No	Yes	Undefined	Left
*	*	*	*	*	*	*	Left
39	PC8	Yes	Yes	No	Yes	Undefined	Left

续表

Number	Name	Number Display	Name Display	Clock	Show	Electric	Position
	Please copy the content without title, and paste on the schematic library wizard.
40	PC9	Yes	Yes	No	Yes	Undefined	Left
51	PC10	Yes	Yes	No	Yes	Undefined	Left
52	PC11	Yes	Yes	No	Yes	Undefined	Left
53	PC12	Yes	Yes	No	Yes	Undefined	Left
2	PC13-TAMPER-RTC	Yes	Yes	No	Yes	Undefined	Left
3	PC14-OSC32_IN	Yes	Yes	No	Yes	Undefined	Left
4	PC15-OSC32_OUT	Yes	Yes	No	Yes	Undefined	Left
*	*	*	*	*	*	*	Right
*	*	*	*	*	*	*	Right
*	*	*	*	*	*	*	Right
*	*	*	*	*	*	*	Right
*	*	*	*	*	*	*	Right
7	NRST	Yes	Yes	No	Yes	Undefined	Right
*	*	*	*	*	*	*	Right
60	BOOT0	Yes	Yes	No	Yes	Undefined	Right
*	*	*	*	*	*	*	Right
*	*	*	*	*	*	*	Right
*	*	*	*	*	*	*	Right
*	*	*	*	*	*	*	Right
*	*	*	*	*	*	*	Right
*	*	*	*	*	*	*	Right
54	PD2	Yes	Yes	No	Yes	Undefined	Right
6	PD1-OSC_OUT	Yes	Yes	No	Yes	Undefined	Right
5	PD0-OSC_IN	Yes	Yes	No	Yes	Undefined	Right
*	*	*	*	*	*	*	Right
36	PB15	Yes	Yes	No	Yes	Undefined	Right
35	PB14	Yes	Yes	No	Yes	Undefined	Right
34	PB13	Yes	Yes	No	Yes	Undefined	Right
33	PB12	Yes	Yes	No	Yes	Undefined	Right
30	PB11	Yes	Yes	No	Yes	Undefined	Right
29	PB10	Yes	Yes	No	Yes	Undefined	Right
62	PB9	Yes	Yes	No	Yes	Undefined	Right
61	PB8	Yes	Yes	No	Yes	Undefined	Right
*	*	*	*	*	*	*	Right

续表

	Please copy the content without title, and paste on the schematic library wizard.						
Number	Name	Number Display	Name Display	Clock	Show	Electric	Position
59	PB7	Yes	Yes	No	Yes	Undefined	Right
58	PB6	Yes	Yes	No	Yes	Undefined	Right
57	PB5	Yes	Yes	No	Yes	Undefined	Right
56	PB4	Yes	Yes	No	Yes	Undefined	Right
55	PB3	Yes	Yes	No	Yes	Undefined	Right
28	PB2	Yes	Yes	No	Yes	Undefined	Right
27	PB1	Yes	Yes	No	Yes	Undefined	Right
26	PB0	Yes	Yes	No	Yes	Undefined	Right

然后，单击工具栏中的"工具"按钮，打开"符号向导"对话框，如图8-33所示，编号为U？，名称为STM32F103RCT6。复制表格中的引脚内容，将其粘贴到"引脚信息"下方的文本框中，单击"确定"按钮。

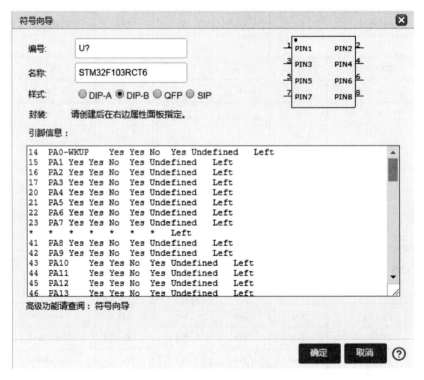

图8-33 "符号向导"对话框

使用"符号向导"高级功能创建的STM32F103RCT6芯片原理图符号如图8-34所示，其中只包含了部分引脚，电源和地的引脚将在子库中创建。

设置引脚长度为20，调整STM32F103RCT6芯片原理图符号边框的大小，并删除左上角标志引脚1的圆点。调整后的原理图符号如图8-35所示。

第 8 章 创建元件库

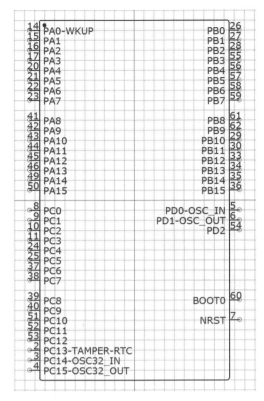

图 8-34 使用"符号向导"高级功能
创建的 STM32F103RCT6 芯片原理图符号

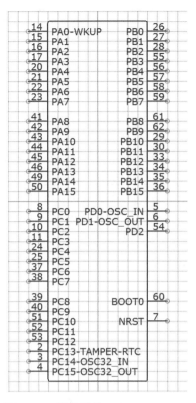

图 8-35 调整后的 STM32F103RCT6
芯片原理图符号

2. 添加属性信息

本书选用立创商城编号为 C8323 的 STM32F103RCT6 芯片，其详细信息如图 8-36 所示。

图 8-36 立创商城 STM32F103RCT6（C8323）芯片的信息

根据上述信息，设置 STM32F103RCT6 芯片的属性信息，如图 8-37 所示。

在"封装管理器"对话框中选择 STM32F103RCT6 芯片的封装，单击"更新"按钮分配封装，如图 8-38 所示。将 STM32F103RCT6 芯片的原理图符号保存到个人库中。

图 8-37　设置 STM32F103RCT6 芯片的属性信息

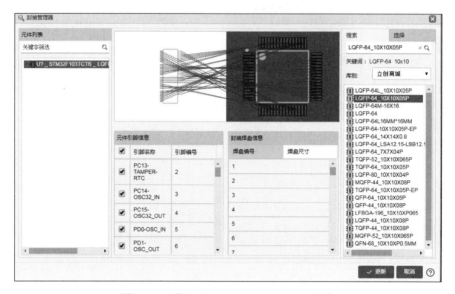

图 8-38　设置 STM32F103RCT6 芯片封装

3. 创建 STM32F103RCT6 芯片子库原理图符号

执行"元件库"→"符号"→"工作区"命令，选中 STM32F103RCT6 父库，单击鼠标右键，在右键快捷菜单中选择"添加子库"命令，如图 8-39 所示。

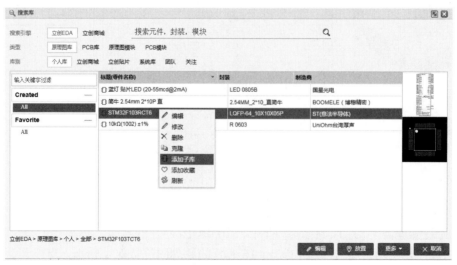

图 8-39　添加子库 STM32F103RCT6.1

第 8 章 创建元件库

单击选中子库 STM32F103RCT6.1,再单击"编辑"按钮,如图 8-40 所示。

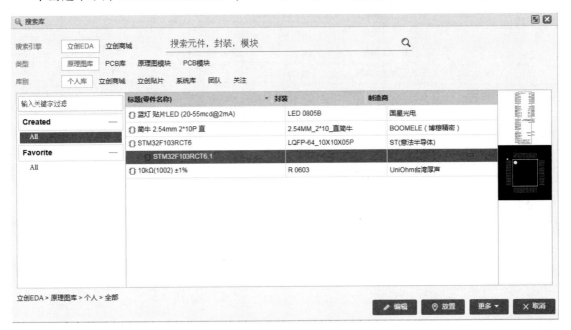

图 8-40 编辑子库 STM32F103RCT6.1

在"自定义属性"面板中输入"编号"为 U?.1,如图 8-41 所示。然后保存子库 STM32F103RCT6.1。注意,含子库的元件只需要在父库中指定一个封装即可,如果为每一个子库指定不同的封装,那么立创 EDA 将保留最后一个指定的封装作为元件的封装。

在"个人库"中添加子库 STM32F103RCT6.2,单击"编辑"按钮,绘制子库 STM32F103RCT6.2 的原理图符号,如图 8-42 所示。将电源引脚(VDD_1、VDD_2、VDD_3、VDD_4、VDDA)的"名称颜色"和"编号颜色"设置为红色,将地引脚(VSS_1、VSS_2、VSS_3、VSS_4、VSSA)的"名称颜色"和"编号颜色"设置为黑色。保存子库 STM32F103RCT6.2。

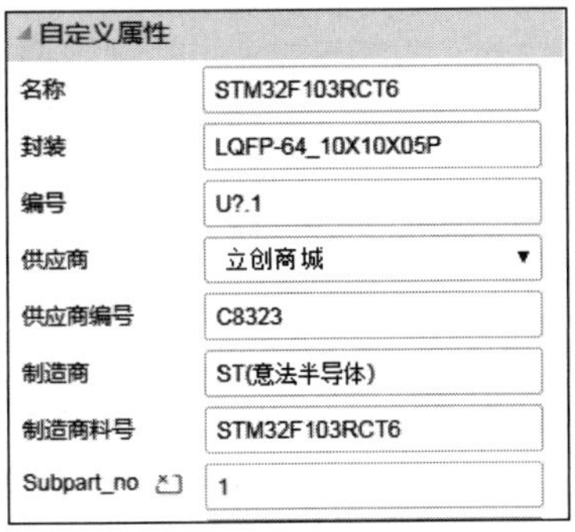

图 8-41 编辑子库 STM32F103RCT6.1 的属性 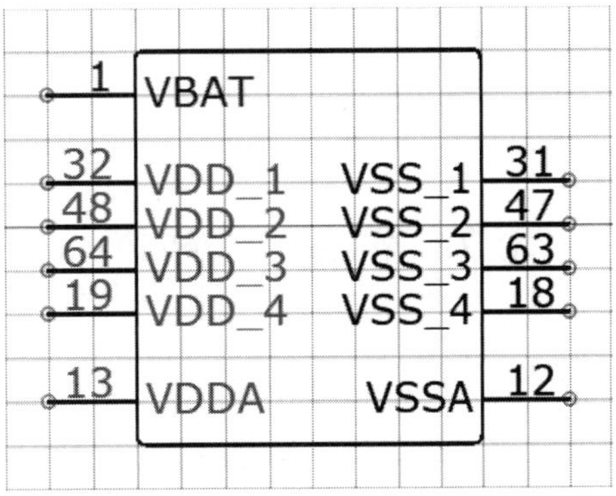   图 8-42 绘制子库 STM32F103RCT6.2

在"自定义属性"面板中设置"编号"为 U?.2,如图 8-43 所示。再次保存子库 STM32F103RCT6.2。

图 8-43 编辑子库 STM32F103RCT6.2 属性

至此，STM32F103RCT6 芯片的原理图符号已经制作完毕，如图 8-44 所示。

图 8-44 工作区中的 STM32F103RCT6 原理图符号

 8.2 创建 PCB 库

PCB 库（即 PCB 封装库）由一系列元件的 PCB 封装组成。元件的 PCB 封装在电路板上通常表现为一组焊盘、丝印层上的边框及芯片的说明文字。焊盘是 PCB 封装中最重要的组成部分之一，用于连接元件的引脚。丝印层上的边框和说明文字起指示作用，指明 PCB 封装所对应的芯片，方便电路板的焊接。尽管立创 EDA 软件提供了大量的 PCB 封装，但是，在电路板设计过程中，仍有很多 PCB 封装无法在库里找到，而且现有的 PCB 封装未必符合设计者的需求。因此，设计者有必要掌握设计 PCB 封装的技能，并能够建立个人的 PCB 库。

8.2.1 创建 PCB 封装的流程

创建元件的 PCB 封装流程（见图 8-45）包括：（1）新建 PCB 库；（2）添加焊盘；（3）添加丝印；（4）添加属性；（5）保存 PCB 封装。

8.2.2 新建 PCB 库

单击工具栏中的"文件"按钮，在下拉菜单中执行"新建"→"封装"命令，如图 8-46 所示，即可打开一个空白的库文件。

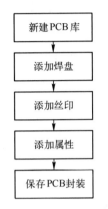

图 8-45 创建元件的 PCB 封装流程

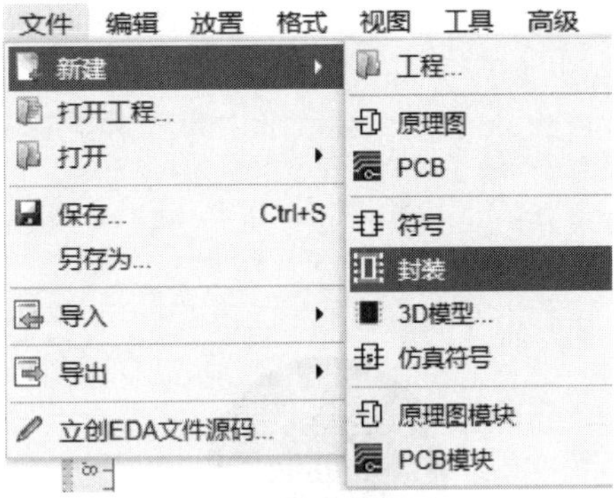

图 8-46 新建封装

8.2.3 制作电阻的 PCB 封装

电阻（R 0603）只有两个引脚，其 PCB 封装形式简单。PCB 封装的名称分为两部分，其中 R 代表 Resistance（电阻），0603 代表封装的尺寸为 60mil×30mil。0603 封装电阻的尺寸和规格如图 8-47、图 8-48 所示。

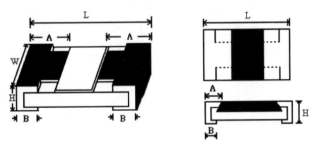

图 8-47 0603 封装电阻的尺寸

1. 添加焊盘

在"画布属性"面板中设置单位为 mm，单击封装工具中的 ○ 按钮，在画布上单击，放置焊盘，如图 8-49 所示。

单击选中焊盘 1，在"焊盘属性"面板中设置层为"顶层"，形状为"矩形"，宽为 1mm，高为 1.1mm；将焊盘 1 的中心坐标设为（−0.7，0），如图 8-50 所示。注意，绘制 PCB 封装时，建议将焊盘的大小设置为比元件实际引脚面积稍大。

Type	70℃ Power	Dimension(mm)					Resistance Range			
		L	W	H	A	B	0.5%	1.0%	2.0%	5.0%
01005	1/32W	0.40±0.02	0.20±0.02	0.13±0.02	0.10±0.05	0.10±0.03	–	10Ω-10MΩ	10Ω-10MΩ	10Ω-10MΩ
0201	1/20W	0.60±0.03	0.30±0.03	0.23±0.03	0.10±0.05	0.15±0.05	–	1Ω-10MΩ	1Ω-10MΩ	1Ω-10MΩ
0402	1/16W	1.00±0.10	0.50±0.05	0.35±0.05	0.20±0.10	0.25±0.10	1Ω-10MΩ	0.2Ω~22MΩ	0.2Ω~22MΩ	0.2Ω~22MΩ
0603	1/10W	1.60±0.10	0.80±0.10	0.45±0.10	0.30±0.20	0.30±0.20	1Ω-10MΩ	0.1Ω~33MΩ	0.1Ω~33MΩ	0.1Ω~100MΩ
0805	1/8W	2.00±0.15	1.25 +0.15 -0.10	0.55±0.10	0.40±0.20	0.40±0.20	1Ω-10MΩ	0.1Ω~33MΩ	0.1Ω~33MΩ	0.1Ω~100MΩ

图 8-48　0603 封装电阻的规格

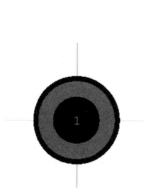

图 8-49　放置 R 0603 封装焊盘 1　　图 8-50　设置 R 0603 封装焊盘 1 的属性

设置完属性的焊盘 1 的效果图如图 8-51 所示。

采用复制粘贴的方式添加 R 0603 封装的焊盘 2。单击选中 R 0603 封装焊盘 1，按快捷键 Ctrl+C 复制，再按快捷键 Ctrl+V 粘贴，单击放置在画布上。然后，在"焊盘属性"面板中将"编号"修改为 2，中心坐标设为 (0.7, 0)，如图 8-52 所示。

图 8-51　R 0603 封装焊盘 1 效果图　　图 8-52　设置 R 0603 封装焊盘 2 的属性

R 0603 封装的两个焊盘添加完成后的效果图如图 8-53 所示。

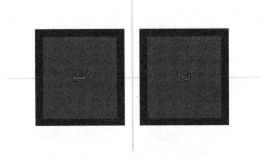

图 8-53 R 0603 封装添加焊盘后的效果图

2. 添加丝印

放置完焊盘后，需要添加丝印，用于表示元件外形以及标示元件在电路板上的位置。首先，在"层与元素"面板中将 PCB 工作层切换到"顶层丝印"层，如图 8-54 所示。

图 8-54 PCB 工作层切换到"顶层丝印"层

设置栅格尺寸为 0.1mm，线宽为 0.2mm，拐角为 90°，如图 8-55 所示。

图 8-55 设置丝印参数

指针的坐标位置显示在"自定义属性"下方，如图 8-56 所示。

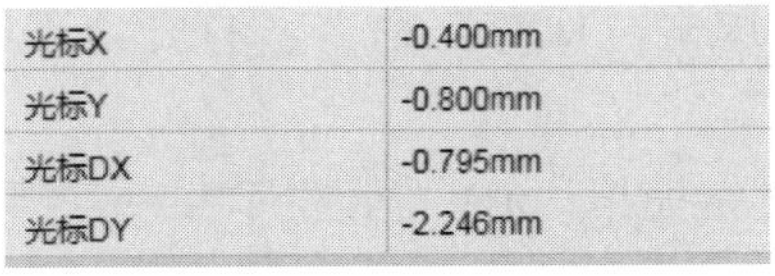

光标X	-0.400mm
光标Y	-0.800mm
光标DX	-0.795mm
光标DY	-2.246mm

图 8-56 指针坐标

单击封装工具中的 按钮，单击坐标（-0.4，-0.8）处开始绘制丝印，随后依次单击坐标（-1.5，-0.8）和坐标（-1.5，0.8）处，最后单击坐标（-0.4，0.8）处结束绘制，如图 8-57 所示。

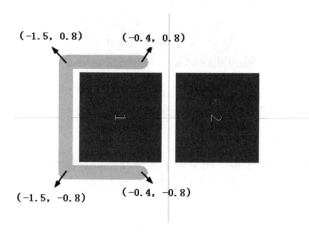

图 8-57　绘制 R 0603 封装丝印 1

按照同样的方法绘制右边的丝印，如图 8-58 所示，两边的丝印是对称的。右边丝印的 4 点坐标分别是（0.4，-0.8）、（1.5，-0.8）、（1.5，0.8）、（0.4，0.8）。

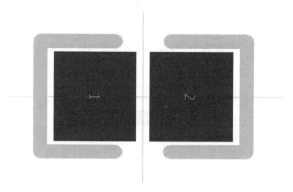

图 8-58　绘制 R 0603 封装丝印 2

3. 添加属性

在"自定义属性"面板中输入封装名称为 R 0603，编号为 R?，如图 8-59 所示。

图 8-59　设置 R 0603 属性

在"文件"的下拉菜单中单击"保存"命令，打开"保存为封装"对话框，单击"保存"按钮，如图 8-60 所示。

至此，R 0603 PCB 封装制作完毕。在"元件库"→"封装"→"工作区"中可以查看，如图 8-61 所示。

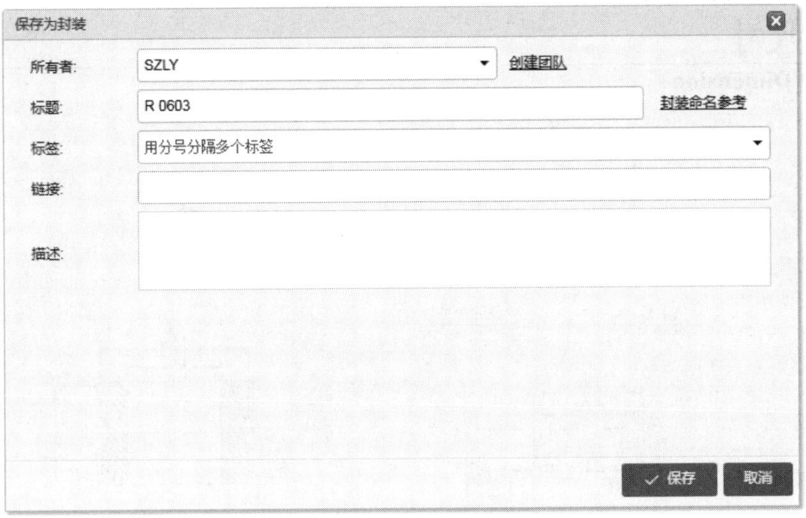

图 8-60 保存封装

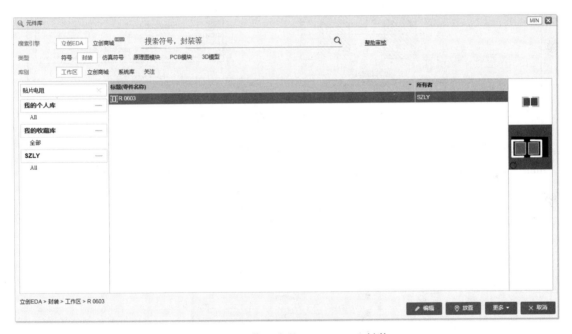

图 8-61 工作区中的 R 0603 PCB 封装

8.2.4 制作发光二极管的 PCB 封装

发光二极管的封装尺寸如图 8-62 所示。

1. 添加焊盘

单击工具栏中的"文件"按钮,在下拉菜单中执行"新建"→"封装"命令,打开一个空白的库文件。

将 PCB 工作层切换到"顶层",单击封装工具中的 ◯ 按钮,再单击画布,将焊盘放置在画布上。

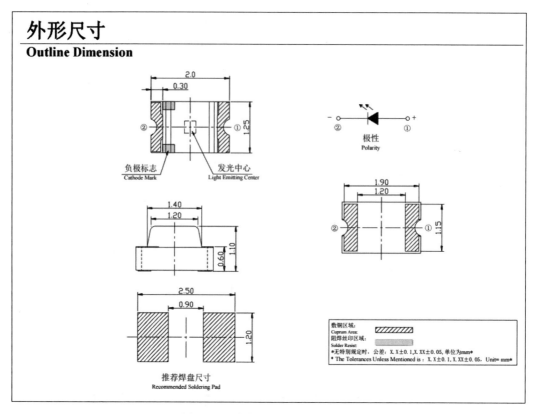

图 8-62 发光二极管的封装尺寸

单击选中焊盘，在"焊盘属性"面板中设置层为"顶层"，形状为"矩形"，宽为 1.3mm，高为 1.4mm；将焊盘 1 的中心坐标设为（1.05，0），如图 8-63 所示。

图 8-63 设置发光二极管封装焊盘 1 属性

采用复制粘贴的方式添加发光二极管封装焊盘 2。在"焊盘属性"面板中修改"编号"为 2，中心坐标为（-1.05，0），如图 8-64 所示。

图 8-64　设置发光二极管封装焊盘 2 属性

发光二极管封装的两个焊盘添加完成后的效果图如图 8-65 所示。

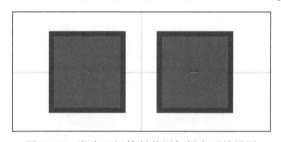

图 8-65　发光二极管封装添加焊盘后效果图

2. 添加丝印

放置完焊盘后，为其添加丝印。在"层与元素"面板中，将 PCB 工作层切换到"顶层丝印"层。

设置栅格尺寸为 0.1mm，线宽为 0.254mm，拐角为 45°，"移除回路"设置为"否"，如图 8-66 所示。

图 8-66　设置丝印参数

单击封装工具中的 按钮，单击坐标（0.4，-1.0）处开始绘制丝印，然后依次单击坐标（2.0，-1.0）和坐标（2.0，1.0）处，最后单击坐标（0.4，1.0）处结束绘制，如图 8-67 所示。

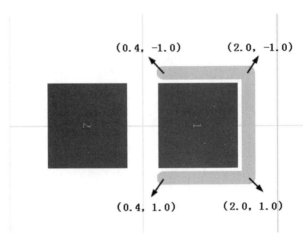

图 8-67　绘制发光二极管封装右边丝印

按照同样的方法绘制左边的丝印，如图 8-68 所示，两边的丝印是对称的。左边丝印的 4 点坐标分别是（-0.4，-1.0）、（-2.0，-1.0）、（-2.0，1.0）、（-0.4，1.0）。

图 8-68　绘制发光二极管封装左边丝印

因为发光二极管是有极性的元件，所以在丝印上应标示焊接的方向。图 8-69 表示发光二极管的正极焊接在焊盘 1 上，负极焊接在焊盘 2 上。

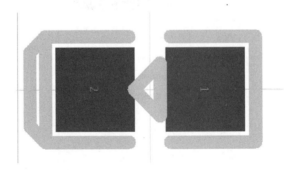

图 8-69　绘制发光二极管封装极性标示丝印

3. 添加属性

在"自定义属性"面板中输入封装的名称为 LED 0805,编号为 LED?,如图 8-70 所示。

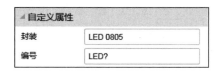

图 8-70 设置 LED 0805 属性

在"文件"的下拉菜单中单击"保存"命令,打开"保存为封装"对话框,单击"保存"按钮。

至此,发光二极管的 PCB 封装制作完毕。在"元件库"→"封装"→"工作区"中可以查看,如图 8-71 所示。

图 8-71 工作区中的 LED 0805 PCB 封装

8.2.5 制作简牛的 PCB 封装

简牛的封装尺寸如图 8-72 所示。

1. 添加焊盘

单击工具栏中的"文件"按钮,在下拉菜单中执行"新建"→"封装"命令,打开一个空白的库文件。

设置网格大小为 1.27mm,栅格尺寸为 1.27mm;在"层与元素"面板中将 PCB 工作层切换到"顶层";单击封装工具中的 ⬭ 按钮,单击画布放置焊盘。

单击选中焊盘,在"焊盘属性"面板中设置层为"多层",形状为"圆形",孔直径为 1.1mm;将焊盘 1 的中心坐标设为 (-11.43, 1.27),如图 8-73 所示。

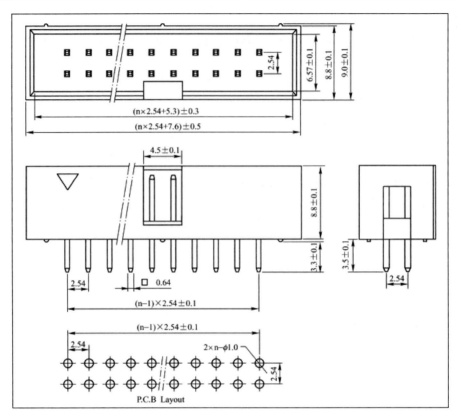

图 8-72 简牛的封装尺寸

图 8-73 设置简牛封装焊盘 1 的属性

接着,继续放置其他焊盘,如图 8-74 所示。将编号为奇数、偶数的焊盘分别放置在一行,偶数行在上,奇数行在下,相邻两个焊盘之间的距离为 2.54mm。

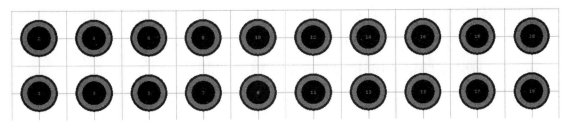

图 8-74 放置简牛封装焊盘

单击封装工具中的 按钮,然后分别单击要测量的两个焊盘的圆心,可以测量两个焊盘之间的距离,如图 8-75 所示。

图 8-75 测量两个焊盘之间的距离

2. 添加丝印

在"层与元素"面板中将 PCB 工作层切换到"顶层丝印"层,准备添加丝印。

参照简牛数据手册中的封装尺寸,给简牛的 PCB 封装添加丝印,如图 8-76 所示。这里将丝印线宽设为 0.254mm。左下角的小三角形标示了焊盘 1 的方位,PCB 封装的丝印要起到指示方位以防反插的作用,避免焊接元件时反向焊接。

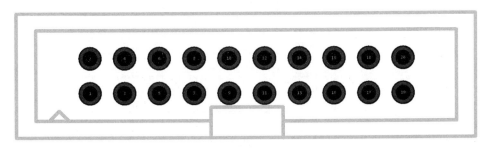

图 8-76 添加简牛 PCB 封装丝印

3. 添加属性

在"自定义属性"面板中输入封装的名称为 HDR-IDC-2.54-2×10P,编号为 J?,如图 8-77 所示。

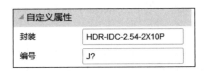

图 8-77 设置简牛 PCB 封装属性

在"文件"的下拉菜单中单击"保存"命令,打开"保存为封装"对话框,单击"保存"按钮。至此,简牛的 PCB 封装制作完毕。

8.2.6 制作 STM32F103RCT6 芯片的 PCB 封装

STM32F103RCT6 的封装尺寸和规格如图 8-78、图 8-79 所示。

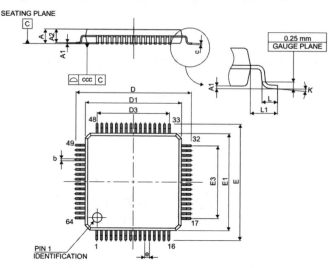

图 8-78　STM32F103RCT6 封装尺寸

Symbol	millimeters			inches[1]		
	Min	Typ	Max	Min	Typ	Max
A	-	-	1.600	-	-	0.0630
A1	0.050	-	0.150	0.0020	-	0.0059
A2	1.350	1.400	1.450	0.0531	0.0551	0.0571
b	0.170	0.220	0.270	0.0067	0.0087	0.0106
c	0.090	-	0.200	0.0035	-	0.0079
D	-	12.000	-	-	0.4724	-
D1	-	10.000	-	-	0.3937	-
D3	-	7.500	-	-	0.2953	-
E	-	12.000	-	-	0.4724	-
E1	-	10.000	-	-	0.3937	-
E3	-	7.500	-	-	0.2953	-
e	-	0.500	-	-	0.0197	-
θ	0°	3.5°	7°	0°	3.5°	7°
L	0.450	0.600	0.750	0.0177	0.0236	0.0295
L1	-	1.000	-	-	0.0394	-
ccc	-	-	0.080	-	-	0.0031

图 8-79　STM32F103RCT6 封装规格

1. 添加焊盘

单击工具栏中的"文件"按钮,在下拉菜单中执行"新建"→"封装"命令,打开一个空白的库文件。

设置网格大小为 0.25mm,栅格尺寸为 0.25mm;在"层与元素"面板中将 PCB 工作层切换到"顶层";单击封装工具中的〇按钮,单击画布放置焊盘。

单击选中焊盘,在"焊盘属性"面板中设置层为"顶层",形状为"长圆形",旋转角度为 90°；将焊盘 1 的中心坐标设为（-5.55，-3.75），如图 8-80 所示。

图 8-80　设置 STM32F103RCT6 封装焊盘 1 的属性

接着，继续放置 2~16 号焊盘，相邻两个焊盘之间的距离为 0.5mm，如图 8-81 所示。焊盘 1 的中心坐标为（-5.55，3.25），焊盘 16 的中心坐标为（-5.55，-3.75）。

图 8-81　放置 2~16 号焊盘

按照同样的方法以逆时针方向添加其余的焊盘，如图8-82所示。其中，焊盘17的中心坐标为（-3.75，5.55），焊盘32的中心坐标为（3.75，5.55），焊盘33的中心坐标为（5.55，3.75），焊盘48的中心坐标为（5.55，-3.75），焊盘49的中心坐标为（3.75，-5.55），焊盘64的中心坐标为（-3.75，-5.55）。

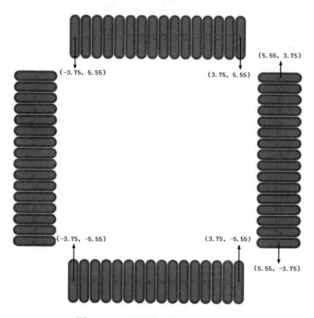

图8-82 测量焊盘之间的距离

2. 添加丝印

在"层与元素"面板中将PCB工作层切换到"顶层丝印"层，准备添加丝印。

参照STM32F103RCT6数据手册中的封装尺寸，给STM32F103RCT6的PCB封装添加丝印，如图8-83所示。将丝印线宽设为0.2mm。左上角的两个实心圆用于标示焊盘1的方位。

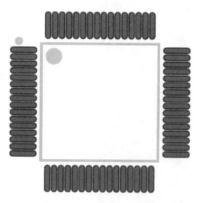

图8-83 添加STM32F103RCT6 PCB封装丝印

以大实心圆为例介绍绘制实心圆的方法：单击封装工具中的〇按钮，在适当的位置绘制一个圆圈，单击选中该圆圈，在"圆属性"面板中设置宽为0.6mm，半径为0.3mm，圆心坐标为（-3.325，3.297），如图8-84所示。

小实心圆的宽为 0.3mm，半径为 0.15mm，圆心坐标为（-5.901，4.398），如图 8-85 所示。

图 8-84　大实心圆属性

图 8-85　小实心圆属性

3. 添加属性

在"自定义属性"面板中，输入封装的名称为 LQFP-64_10X10X05P，编号为 U?，如图 8-86 所示。

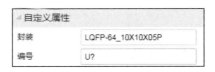

图 8-86　设置 STM32F103RCT6 PCB 封装属性

在"文件"的下拉菜单中单击"保存"命令，打开"保存为封装"对话框，单击"保存"按钮。至此，STM32F103RCT6 的 PCB 封装制作完毕。

本章任务

完成本章的学习后，应能够创建原理图库和 PCB 库，以及制作元件的原理图符号和 PCB 封装。

****

本章习题

1. 简述创建元件原理图符号的流程。
2. 简述创建元件 PCB 封装的流程。

第 9 章 导出生产文件

设计好电路板后,接下来就是制作电路板。制作电路板包括 PCB 打样、元件采购和焊接(或贴片)三个环节,每个环节都需要相应的生产文件。本章分别介绍各个环节所需生产文件的导出方法,为第 10 章制作电路板做准备。

学习目标:

> 了解生产文件的种类。
> 了解 PCB 打样、元件采购及贴片加工分别需要哪些生产文件。
> 掌握 Gerber 文件的导出方法。
> 掌握 BOM 的导出方法。
> 掌握丝印文件的导出方法。
> 掌握坐标文件的导出方法。

9.1 生产文件的组成

生产文件一般由 PCB 源文件、Gerber 文件和 SMT 文件组成,而 SMT 文件又由 BOM、丝印文件和坐标文件组成,如图 9-1 所示。

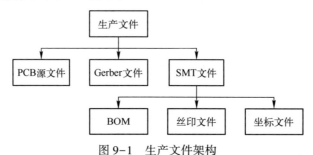

图 9-1 生产文件架构

进行 PCB 打样时,需要将 PCB 源文件或 Gerber 文件发送给 PCB 打样厂。为防止技术泄露,建议发送 Gerber 文件。

采购元件时,需要一张 BOM(Bill of Materials,即物料清单)。

进行电路板贴片加工时,既可以给贴片厂发送 PCB 源文件和 BOM,也可以发送 BOM、丝印文件和坐标文件。同样,为防止技术泄露,建议选择后者。

9.2 Gerber 文件的导出

Gerber 文件是一种符合 EIA 标准的,由 GerberScientific 公司定义为用于驱动光绘机的文件。该文件把 PCB 中的布线数据转换为光绘机用于生产 1:1 高精度胶片的光绘数据，是能被光绘机处理的文件格式。PCB 打样厂用 Gerber 文件来制作 PCB。下面介绍 Gerber 文件的导出方法。

打开 STM32 核心板 PCB，单击工具栏中的"文件"按钮，在下拉菜单中单击"生成 PCB 制板文件（Gerber）"命令，如图 9-2 所示。

在弹出的"注意"对话框中单击"是，检查 DRC"按钮，如图 9-3 所示。注意，在生成 Gerber 文件之前，务必进行 DRC 检查，查看"设计管理器"中的 DRC 错误项，以避免生成有缺陷的 Gerber 文件。

图 9-2　导出 Gerber 文件步骤一

图 9-3　导出 Gerber 文件步骤二

在弹出的"生成 PCB 制板文件（Gerber）"对话框中，单击"生成 Gerber"按钮，下载 Gerber 文件，如图 9-4 所示，然后保存导出的 Gerber 文件压缩包。

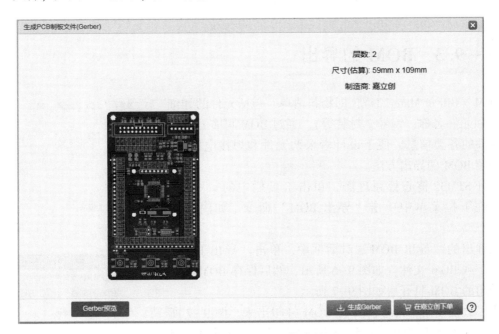

图 9-4　导出 Gerber 文件步骤三

生成的 Gerber 文件是一个压缩包，解压后可以看到以下文件（1）~（9）。此外，Gerber 文件还包括文件（10）~（15），但本书所设计的 STM32 核心版不涉及这些文件。

（1）Gerber_BoardOutline.GKO：边框文件。PC 打样厂根据该文件来切割电路板的形状。立创 EDA 绘制的槽，实心填充的非镀铜通孔在生成 Gerber 后在边框文件进行体现。

（2）Gerber_TopLayer.GTL：PCB 顶层，即顶层铜箔层。

（3）Gerber_BottomLayer.GBL：PCB 底层，即底层铜箔层。

（4）Gerber_TopSilkLayer.GTO：顶层丝印层。

（5）Gerber_BottomSilkLayer.GBO：底层丝印层。

（6）Gerber_TopSolderMaskLayer.GTS：顶层阻焊层。该层也称为开窗层，默认板子盖油，即该层绘制的元素所对应的顶层区域不盖油。

（7）Gerber_BottomSolderMaskLayer.GBS：底层阻焊层。该层也称为开窗层，默认板子盖油，即该层绘制的元素所对应的底层区域不盖油。

（8）Gerber_Drill_PTH.DRL：金属化钻孔层。该文件显示的是内壁需要金属化的钻孔位置。

（9）Gerber_TopPasteMaskLayer.GTP：顶层助焊层，用于开钢网。

（10）Gerber_BottomPasteMaskLayer.GBP：底层助焊层，用于开钢网。

（11）Gerber_Inner1.G1，Gerber_Inner2.G1…：内层铜箔层，Inner$x$ 指第 x 层。

（12）Gerber_Drill_NPTH.DRL：非金属化钻孔层。该文件显示的是内壁不需要金属化的钻孔位置，如通孔。

（13）ReadOnly.TopAssembly：顶层装配层。仅可读取，不影响 PCB 制造。

（14）ReadOnly.BottomAssembly：底层装配层。仅可读取，不影响 PCB 制造。

（15）ReadOnly.Mechanical：机械层。记录 PCB 设计在机械层记录的信息，仅用于信息记录，生产时默认不采用该层的形状进行制造。

9.3 BOM 的导出

BOM（Bill of Materials），即物料清单，包括元件的详细信息（如元件名称、编号、封装等）。通过 BOM 可查看电路板上元件的各类信息，便于设计者采购元件和焊接电路板。下面介绍 BOM 的导出方法。

打开 STM32 核心板原理图，单击工具栏中的"文件"按钮，在下拉菜单中单击"导出 BOM"命令，如图 9-5 所示。

在弹出的"导出 BOM"对话框中，单击"导出 BOM"按钮，下载 BOM 文件，如图 9-6 所示，然后保存 BOM。

导出的 BOM 打开后如图 9-7 所示。

为了方便使用，常常需要将 BOM 打印出来。图 9-7 所示的表格并不适于打印，因此，还需要进行规范化处理，具体操作如下。

图 9-5 导出 BOM 步骤一

第 9 章 导出生产文件

导出BOM

编号	元件名称	编号	封装	数量	制造商料号	制造商	供应商	供应商编号	价格
1	XH-6A	J4	XH-6A	1	XH-6A	BOOMELE	LCSC	C5663	¥0.07...
2	LED-Red(...	PWR	LED-0805	1	17-21SURC/S530-A2...	Everlight E...	LCSC	C131244	¥0.135
3	AMS1117-...	U2	SOT-223	1	AMS1117-3.3	AMS	LCSC	C6186	¥0.728
4	22uF	C16,C17,C...	C 0805	5	CL21A226MAQNNNE	SAMSUNG	LCSC	C45783	¥0.35...
5	100nF	C18,C8,C9...	C 0603	10	CC0603KRX7R9BB104	YAGEO	LCSC	C14663	¥0.02...
6	10uH	L2,L1	0603	2	SDFL1608S100KTF	Sunlord	LCSC	C1035	¥0.04...
7	8MHz	Y1	OSC-490SC-...	1	X49SM8MSD2SC	YXC	LCSC	C12674	¥0.62...
8	22pF	C11,C12	C 0603	2	CL10C220JB8NNNC	SAMSUNG	LCSC	C1653	¥0.03...
9	32.768KHz	Y2	SMD-3215_2P	1	Q13FC1350000400	EPSON	LCSC	C32346	¥0.89
10	10pF	C14,C15	C 0603	2	CL10C100JB8NNNC	SAMSUNG	LCSC	C1634	¥0.03...
11	330	R20,R21	0603	2	0603WAF3300T5E	UniOhm	LCSC	C23138	¥0.01...
12	LED-Blue(...	LED1	LED-0805	1	17-21/BHC-XL2M2T...	Everlight E...	LCSC	C72035	¥0.16...
13	LED-Gree...	LED2	LED-0805	1	0805G (Green)	KENTO	LCSC	C2297	¥0.1
14	HDR-IDC-...	J8	HDR-IDC-2.54...	1	IDC Box 2.54mm 2X...	BOOMELE	LCSC	C3405	¥0.55...
15	10K	R1,R2,R3,...	0603	13	0603WAF1002T5E	UniOhm	LCSC	C25804	¥0.00...
16	SMD Tactil...	KEY1,KEY...	KEY-6.0*6.0	3		ReliaPro	LCSC	C23873	¥0.105

图 9-6 导出 BOM 步骤二

ID	Name	Designator	Footprint	Quantity	Manufacturer Part	Manufactu	Supplier	Supplier Part	LCSC Assembly
1	XH-6A	J4	XH-6A	1	XH-6A	BOOMELE	LCSC	C5663	
2	LED-Red(0805)	PWR	LED-0805	1	17-21SURC/S530-A2	Everlight	LCSC	C131244	
3	AMS1117-3.3	U2	SOT-223	1	AMS1117-3.3	AMS	LCSC	C6186	Yes
4	22μF	C16, C17, C19, C3, C5	C 0805	5	CL21A226MAQNNNE	SAMSUNG	LCSC	C45783	Yes
5	100nF	C18, C8, C9, C10, C13, C4, C1, C2, C6, C7	C 0603	10	CC0603KRX7R9BB104	YAGEO	LCSC	C14663	Yes
6	10μH	L2, L1	0603'	2	SDFL1608S100KTF	Sunlord	LCSC	C1035	Yes
7	8MHz	Y1	OSC-490SC-YSX-1	1	X49SM8MSD2SC	YXC	LCSC	C12674	
8	22pF	C11, C12	C 0603	2	CL10C220JB8NNNC	SAMSUNG	LCSC	C1653	Yes
9	32.768kHz	Y2	SMD-3215_2P	1	Q13FC1350000400	EPSON	LCSC	C32346	Yes
10	10pF	C14, C15	C 0603	2	CL10C100JB8NNNC	SAMSUNG	LCSC	C1634	Yes
11	330	R20, R21	0603'	2	0603WAF3300T5E	UniOhm	LCSC	C23138	Yes
12	LED-Blue(0805)	LED1	LED-0805	1	17-21/BHC-XL2M2TY	Everlight	LCSC	C72035	
13	LED-	LED2	LED-0805	1	0805G (Green)	KENTO	LCSC	C2297	
14	HDR-IDC-2.54-	J8	HDR-IDC-2.54-2X	1	IDC Box 2.54mm 2X1	BOOMELE	LCSC	C3405	
15	10K	R1, R2, R3, R4, R5, R10, R11, R12, R16, R17, R18, R19, R6, R15, R13, R14	0603'	13	0603WAF1002T5E	UniOhm	LCSC	C25804	Yes
16	SMD Tactile Switch6*6mm	KEY1, KEY2, KEY3	KEY-6.0*6.0	3		ReliaPro	LCSC	C23873	
17	A2541HWV-7P	J7	A2541HWV-7P	1	A2541HWV-7P	Changjian	LCSC	C225504	
18	100	R7, R8	0603'	2	0603WAF1000T5E	UniOhm	LCSC	C22775	Yes
19	Switch, 3*6*2.5 Plastic head white, 260G,	RST	SWITCH-3X6X2.5	1	Switch, 3*6*2.5Plas	BBJ	LCSC	C71857	
20	68000-102HLF	J6	68000-102HLF	1	68000-102HLF	Amphenol	LCSC	C168673	
21	Header-Male-2.54 1x20	J1, J2, J3	HDR-20X1/2.54	3	2.54mm 1*20PHeader	BOOMELE	LCSC	C50981	
22	TESTPOINT_0.9	+5V, GND, 3V3	TESTPOINT_0.9	3					
23	1K	R9	0603'	1	0603WAF1001T5E	UniOhm	LCSC	C21190	Yes
24	SS210	D1	SMA(DO-214AC)	1	SS210	MDD	LCSC	C14996	Yes
25	STM32F103RCT6	U1	LQFP-64_10X10X0	1	STM32F103RCT6	ST	LCSC	C8323	

图 9-7 导出的 BOM

(1) 为图 9-7 所示的表格添加页眉和页脚,页眉为 "STM32CoreBoard-V1.0.0-20190507-1 套",包含了电路板名称、版本号、完成日期及物料套数。在页脚处添加页码和页数。

(2) 在表格的右侧增设 "不焊接元件" "一审" 和 "二审" 三列。为什么要增设 "不焊接元件" 列?由于有些电路板的某些元件是为了调试而增设的,还有些元件只在特定环境下才需要焊接,并且测试点也不需要焊接。因此,可以在"不焊接元件"一列中标注"NC",表示不需要焊接。增设"一审"和"二审"列,是因为无论是自己焊接电路板,还是送去贴片厂进行贴片,都需要提前准备物料,而备料时常常会出现物料型号不对、物料封装不对、数量不足等问题,为了避免这些问题,建议每次备料时审核两次,特别是对于使用物料多的电路板。而且,每次审核后都应做记录,即在对应的"一审"或"二审"列打钩。规范的 BOM 如图 9-8 所示。

STM32CoreBoard-V1.0.0-20190507-1套

ID	Supplier Part	Name	Designator	Footprint	Quantity	LCSC Assembly	不焊接元件	一审	二审
1	C5663	XH-6A	J4	XH-6A	1				
2	C131244	LED-Red(0805)	PWR	LED-0805	1				
3	C6186	AMS1117-3.3	U2	SOT-223	1	Yes			
4	C45783	22μF	C16,C17,C19,C3,C5	C 0805	5	Yes			
5	C14663	100nF	C18,C8,C9,C10,C13,C4,C1,C2,C6,C7	C 0603	10	Yes			
6	C1035	10μH	L2,L1	0603	2	Yes			
7	C12674	8MHz	Y1	OSC-490SC-YSX-1	1				
8	C1653	22pF	C11,C12	C 0603	2	Yes			
9	C32346	32.768kHz	Y2	SMD-3215_2P	1	Yes			
10	C1634	10pF	C14,C15	C 0603	2	Yes			
11	C23138	330	R20,R21	0603	2	Yes			
12	C72035	LED-Blue(0805)	LED1	LED-0805	1				
13	C2297	LED-Green(0805)	LED2	LED-0805	1	Yes			
14	C3405	HDR-IDC-2.54-2X10P	J8	HDR-IDC-2.54-2X10P	1				
15	C25804	10kΩ	R1,R2,R3,R4,R5,R10,R11,R12,R16,R17,R18,R19,R6,R15,R13,R14	0603	16	Yes			
16	C23873	SDM Tactile Switch6*6*6mm	KEY1,KEY2,KEY3	KEY-6.0*6.0	3				
17	C225504	A2541HWV-7P	J7	A2541HWV-7P	1				
18	C22775	100	R7,R8	0603	2	Yes			
19	C71857	Switch,3*6*2.5Plastic head white,260G,0.25mm,SMD	RST	SWITCH-3X6X2.5_SMD	1				
20	C168673	68000-102HLF	J6	68000-102HLF	1				
21	C50981	Header-Male-2.54_1X20	J1,J2,J3	HDR-20X1/2.54	3				
22		TESTPOINT_0.9	+5V,GND,3V3	TESTPOINT_0.9	3		NC		
23	C21190	1kΩ	R9	0603	1	Yes			
24	C14996	SS210	D1	SMA(DO-214AC)	1	Yes			
25	C823	STM32F103RCT6	U1	LQFP-64_10X10X05P	1				

第 1 页,共 1 页

图 9-8 规范的 BOM 示意图

9.4 丝印文件的导出

PCB 丝印文件包括顶层丝印文件和底层丝印文件,在将电路板和物料发送给贴片厂进行贴片加工时,需要将 PCB 丝印文件和坐标文件一起发送给贴片厂。下面详细介绍丝印文件的导出方法。

第 9 章　导出生产文件

打开 STM32 核心板 PCB，单击工具栏中的"文件"按钮，在下拉菜单中执行"导出"→"PDF"命令，如图 9-9 所示。

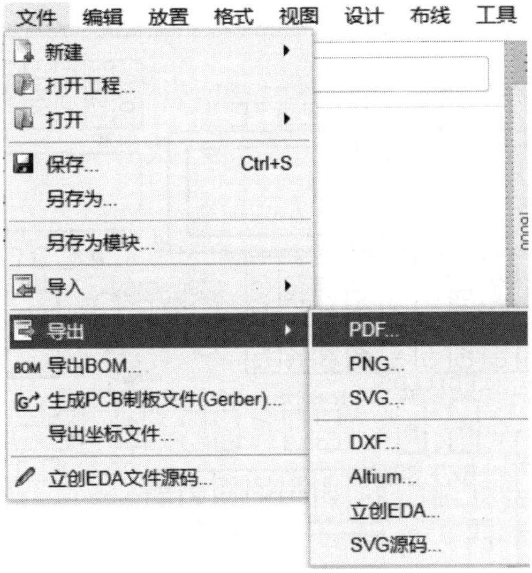

图 9-9　导出丝印文件步骤一

在弹出的"导出文档"对话框中，选择"分离层"，在"导出"列中勾选"顶层丝印"和"底层丝印"，同时在"镜像"列中勾选"底层丝印"，颜色为"白底黑图"，如图 9-10 所示。单击"导出"按钮，保存丝印文件压缩包。

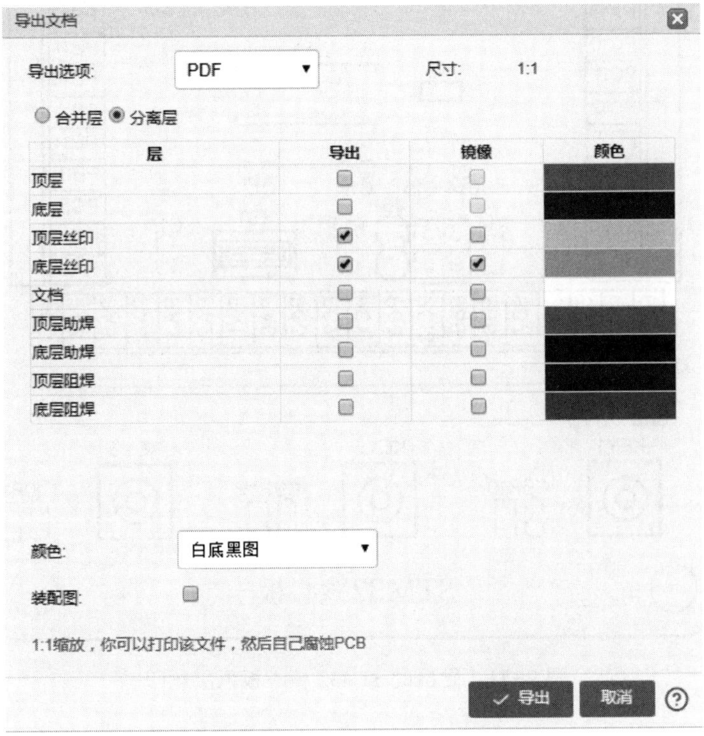

图 9-10　导出丝印文件步骤二

导出的 STM32 核心板的顶层丝印如图 9-11 所示，底层丝印如图 9-12 所示。

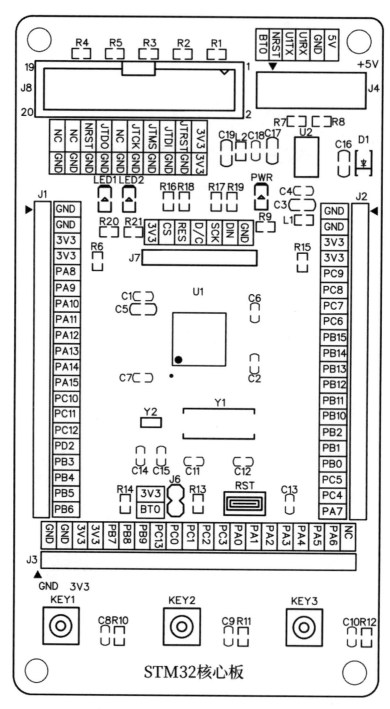

图 9-11　导出的 STM32 核心板顶层丝印

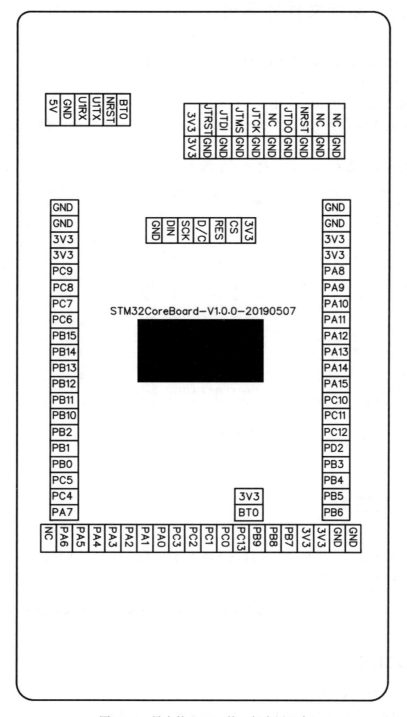

图 9-12 导出的 STM32 核心板底层丝印

9.5 坐标文件的导出

发送给贴片厂的除了PCB丝印文件，还有坐标文件。下面介绍如何导出坐标文件。

打开STM32核心板PCB，单击工具栏中的"文件"按钮，在下拉菜单中单击"导出坐标文件"命令，如图9-13所示，然后保存坐标文件。

导出的坐标文件为CSV格式，打开后如图9-14所示。

图9-13 导出坐标文件

Designator	Footprint	Mid X	Mid Y	Ref X	Ref Y	Pad X	Pad Y	Layer	Rotation	Comment
D1	SMA(DO-21	2208mil	3374mil	2208mil	3374mil	2208mil	3455mil	T	270	SMA(DO-214AC)
KEY1	KEY-6.0*6	309.21mil	434.7mil	309.2mil	434.7mil	488.36mil	346.06mil	T	0	SMD Tactile Switch6*6*6mm
KEY2	KEY-6.0*6	1082.6mil	434.7mil	1082.6mil	434.7mil	1261.76mil	346.06mil	T	0	SMD Tactile Switch6*6*6mm
KEY3	KEY-6.0*6	1856mil	434.7mil	1856mil	434.7mil	2035.16mil	346.06mil	T	0	SMD Tactile Switch6*6*6mm
+5V	TESTPOINT	2123.3mil	3998.5mil	2123.3mil	3998.5mil	2123.3mil	3998.5mil	T	90	TESTPOINT_0.9
GND	TESTPOINT	226.6mil	748.9mil	226.6mil	748.9mil	226.6mil	748.9mil	T	90	TESTPOINT_0.9
3V3	TESTPOINT	426.6mil	748.9mil	426.6mil	748.9mil	426.6mil	748.9mil	T	270	TESTPOINT_0.9
J4	XH-6A	1877mil	3850mil	1877mil	3850mil	2123.1mil	3850mil	T	180	XH-6A
PWR	LED-0805	1563.1mil	3154.1mil	1563.1mil	3154.1mil	1563.1mil	3112.75mil	T	270	LED-Red(0805)
U2	SOT-223	1849.7mil	3409.9mil	1849.7mil	3409.9mil	1724.7mil	3500.45mil	T	0	AMS1117-3.3
C16	C 0805	2084.7mil	3369.9mil	2084.7mil	3369.9mil	2084.7mil	3450.9mil	T	270	22uF
C17	C 0805	1630.8mil	3449.2mil	1630.8mil	3449.2mil	1630.8mil	3489.2mil	T	270	22uF
C18	C 0603	1525.2mil	3448.8mil	1525.2mil	3448.8mil	1525.2mil	3480.8mil	T	270	100nF
L2	0603	1430.8mil	3444.2mil	1430.8mil	3444.2mil	1430.8mil	3416.64mil	T	90	10uH
C19	C 0805	1339.4mil	3431.6mil	1339.4mil	3431.6mil	1339.4mil	3391.6mil	T	90	22uF
Y1	OSC-49OSC	1304.4mil	1719.1mil	1304.4mil	1719.1mil	1117.39mil	1719.1mil	T	90	8MHz
C11	C 0603	1148.3mil	1479.7mil	1148.3mil	1479.7mil	1116.3mil	1479.7mil	T	0	22pF
C12	C 0603	1459mil	1479.7mil	1459mil	1479.7mil	1491mil	1479.7mil	T	180	22pF
Y2	SMD-3215	878.81mil	1724mil	878.8mil	1724mil	943.68mil	1723.04mil	T	180	32.768KHz
C14	C 0603	813.4mil	1512.2mil	813.4mil	1512.2mil	813.4mil	1544.2mil	T	270	10pF
C15	C 0603	943.9mil	1512mil	943.9mil	1512mil	943.9mil	1544mil	T	270	10pF

图9-14 坐标文件

 ## 本章任务

完成本章的学习后，针对自己设计的STM32核心板，按照要求依次导出Gerber文件、BOM、丝印文件和坐标文件。

****

 ## 本章习题

1. 生产文件都有哪些？
2. PCB打样、元件采购及贴片加工分别需要哪些生产文件？
3. 简述Gerber文件的作用。
4. 简述BOM的作用。

第 10 章　制作电路板

电路板的制作主要包括 PCB 打样、元件采购和焊接三个环节。首先，将 PCB 源文件或 Gerber 文件发送给 PCB 打样厂制作出 PCB（印制电路板）；然后，购买电路板所需的元件；最后，将元件焊接到 PCB 上，或者将物料和 PCB 一起发送给贴片厂进行焊接（也称贴片）。

随着近些年来电子技术的迅猛发展，无论是 PCB 打样厂、元件供应商，还是电路板贴片厂，如雨后春笋般涌出，不仅大幅降低了制作电路板的成本，还提升了服务品质。很多厂商已经实现了在线下单的功能，不同厂商的在线下单流程大同小异。本章以深圳嘉立创平台为例，介绍 PCB 打样与贴片的流程；以立创商城为例，介绍如何在网上购买元件。

学习目标：

- 掌握 PCB 打样的在线下单流程。
- 掌握元件的购买流程。
- 掌握 PCB 贴片的在线下单流程。
- 掌握嘉立创下单助手的使用方法。

10.1　PCB 打样在线下单流程

登录深圳嘉立创网站（http://www.sz-jlc.com），单击首页左上角的"进入 PCB/激光钢网下单系统"按钮，如图 10-1 所示。

图 10-1　PCB 打样在线下单步骤 1

需要先注册账户，如果已经注册，可通过输入账号和密码进入嘉立创客户自助平台。在平台界面左侧单击"PCB 订单管理"按钮，然后单击"在线下单"按钮进入下单系统，如图 10-2 所示。

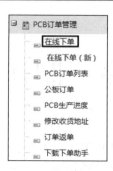

图 10-2　PCB 打样在线下单步骤 2

按图 10-3 所示输入相应参数。若设计的 STM32 核心板的尺寸不是 10.9cm×5.9cm，则按照实际尺寸填写。这里制作的是样板，板子数量填 5，也可根据实际需求填写所需板子数量。

图 10-3　PCB 打样在线下单步骤 3

接着，在"PCB 工艺信息"界面中，板子厚度选择 1.6，即 1.6mm，其他保持默认设置，如图 10-4 所示。每项工艺的具体说明和注意事项可以通过单击工艺名称旁边的"？"进行查看。

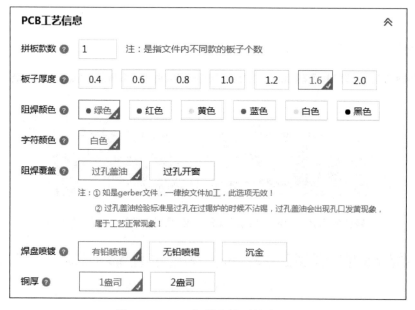

图 10-4　PCB 打样在线下单步骤 4

"收费高端个性化服务"和"个性化选项"部分可根据实际需求进行选择，如图 10-5 所示。

第 10 章 制作电路板

图 10-5 PCB 打样在线下单步骤 5

如图 10-6 所示，根据是否希望由嘉立创进行贴片来选择，如果是自己焊接，则选"不需要"。

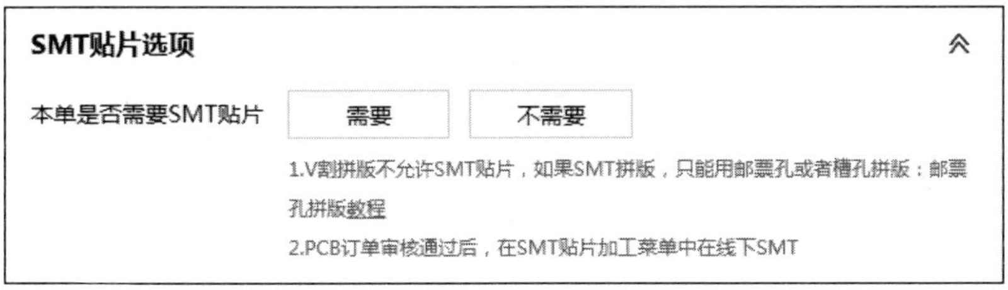

图 10-6 PCB 打样在线下单步骤 6

在"激光钢网选项"部分选择是否需要开钢网。注意，只有将 PCB 送去其他贴片厂才需要开钢网。

若选择需要开钢网，则接下来要选择钢网尺寸。注意，钢网的有效尺寸不能小于电路板的实际尺寸，而钢网尺寸还包括钢网外框。STM32 核心板的实际尺寸为 5.9cm×10.9cm，所以钢网的有效尺寸可以选择第 2 个，即有效面积为 14.0cm×24.0cm，如图 10-7 所示。

其他选项按照图 10-8 所示设置。最后，单击"确定"按钮。

"请填写发票及收据信息"部分可根据实际情况填写。在"选择本订单收货地址"部分填写收货地址，以及订单联系人和技术联系人的信息。

全部信息填完后，单击"提交订单"按钮，如图 10-9 所示。

随后，在"上传文件"界面中单击"上传 PCB 文件/Gerber 文件"按钮，如图 10-10 所示。既可以选择上传 PCB 源文件，也可以选择上传 Gerber 文件。这里上传立创 EDA 导出的 Gerber 文件。选择 9.2 节导出的"Gerber_STM32 核心板_20190507103534.zip"压缩包，然后单击"打开(O)"按钮。

图 10-7　PCB 打样在线下单步骤 7

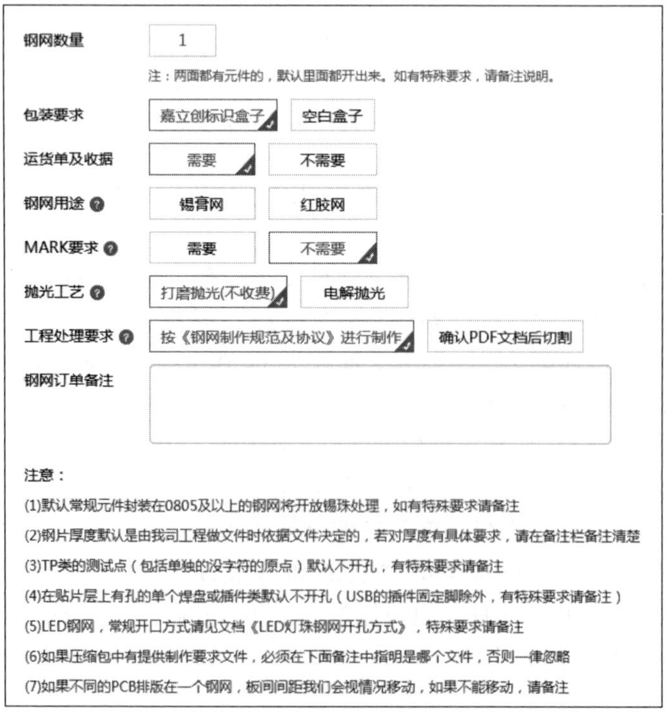

图 10-8　PCB 打样在线下单步骤 8

第 10 章 制作电路板

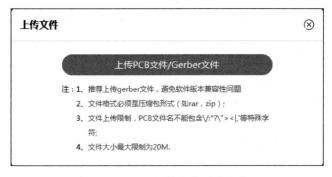

图 10-9 PCB 打样在线下单步骤 9

图 10-10 PCB 打样在线下单步骤 10

文件上传完毕，系统会弹出如图 10-11 所示的界面，表示 PCB 打样在线下单成功。

图 10-11 PCB 打样在线下单成功

单击图 10-11 所示界面右侧的"返回订单列表"按钮，系统弹出如图 10-12 所示的订单列表，此时要等待嘉立创的工作人员审核（大概需要几十分钟）。

图 10-12 订单等待工作人员审核

审核通过后，图 10-12 中的灰色"确认"按钮变成蓝色，单击蓝色的"确认"按钮进行付款。

嘉立创 PCB 打样在线下单流程会不断更新，本书作者也会持续更新 PCB 打样在线下单流程，并将下载链接发布在微信公众号"卓越工程师培养系列"上，读者可随时下载。

10.2 元件在线购买流程

本节介绍如何在立创商城购买元件。第 9 章介绍了如何导出 BOM。由于 BOM 中的 Supplier Part 与立创商城提供的物料编号一致，因此，读者可以直接在立创商城通过元件编号搜索对应的元件。

众所周知，建立一套物料体系非常复杂，完整的物料体系应具备三个因素：(1) 完善的物料库；(2) 科学的元件编号；(3) 持续有效的管理。这三者缺一不可，因此，无论是个人还是企业或院校，很难建立自己的物料体系，即使建立了，也很难有效地管理。随着电子商务的迅猛发展，立创商城让"拥有自己的物料体系"成为可能。这是因为，立创商城既有庞大且近乎完备的实体物料库，又对元件进行了科学的分类和编号，更重要的是有专人对整个物料库进行细致高效的管理。直接采用立创商城提供的编号，可以有效地提高电路设计和制作的效率，而且设计者无须储备物料，可做到零库存，从而大幅降低开发成本。

图 10-13 所示的是 STM32 核心板 BOM 的一部分，完整的 BOM 可参见表 4-2。

ID	Supplier Part	Name
1	C5663	XH-6A
2	C131244	LED-Red(0805)
3	C6186	AMS1117-3.3
4	C45783	22μF
5	C14663	100nF
6	C1035	10μH

图 10-13 BOM 的元件编号

下面以编号为 C14996 的二极管 SS210 为例，介绍如何在立创商城购买元件。

首先，打开立创商城网站（http://www.szlcsc.com），在首页的搜索框中输入元件编号"C14996"，单击 按钮，如图 10-14 所示。

图 10-14 根据元件编号搜索元件

在图 10-15 所示的搜索结果中，核对元件的基本信息，如元件名称、品牌、型号、封装/规格等，确认无误后，单击"我要买"按钮，加入购物车并结算，如图 10-16 所示。如果读者没有登录账号，单击"结算"按钮后将进入"登录/注册"页面，如图 10-17 所示。后续流程包括完善收件人信息、提交订单并支付，支付完成页面如图 10-18 所示。至此，整个订单已支付完成，等待接收包裹即可。需要注意的是，填写采购数量时要考虑损耗，建议采购数量比所需数量稍多一些；值得一提的是，立创商城的 4 小时闪电发货服务对读者是一个福音。

图 10-15　元件搜索结果

图 10-16　元件结算页面

图 10-17　"登录/注册"页面

图 10-18　支付完成页面

当某一编号的元件在立创商城显示为缺货时，可以通过搜索该元件的关键信息购买不同型号或品牌的相似元件。例如，需要购买 100nF（104）±5% 50V 0603 电容，如果村田品牌的暂无库存，可以用风华的替代，如图 10-29 所示。注意，要确保容值、封装等参数相同，否则不可以相互替代。

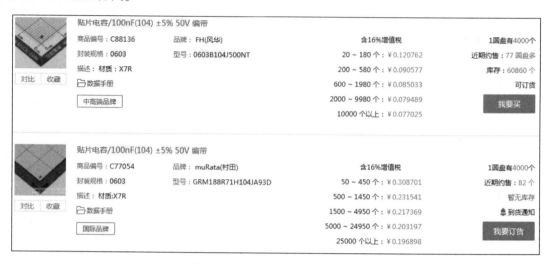

图 10-19　可替代的不同品牌元件

如果没有相似元件可替代，也可以进入订货代购流程，如图 10-20 所示。库存不足时，加入购物车并下单后，立创商城可代为订货。如果没有找到所需要的元件，还可以提交代购需求，将由立创商城采购后交付到客户手中，如图 10-21 所示。

图 10-20　元件订货页面

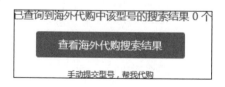

图 10-21　元件代购页面

立创商城元件购买流程会不断更新，本书作者也会持续更新立创商城元件购买流程，并将下载链接发布在微信公众号"卓越工程师培养系列"上，读者可随时下载。

10.3 PCB 贴片在线下单流程

首先介绍什么是 SMT。SMT 是 Surface Mount Technology（表面组装技术）的缩写，也称为表面贴装或表面安装技术，是目前电子组装行业里最流行的一种技术和工艺。它是一种将无引脚或短引线表面组装元件安装在印制电路板的表面或其他基板的表面上，通过回流焊或浸焊等方法加以焊接组装的电路装连技术。

读者可能疑惑，作为电路设计人员，为什么还需要学习电路板的焊接和贴片？因为硬件电路设计人员在进行样板设计时，常常需要进行调试和验证，焊接技术作为基本技能是必须熟练掌握的。然而，为了更好地将重心放在电路的设计、调试和验证上，也可以将焊接工作交给贴片厂完成。

在普通贴片厂进行电路板的贴片加工，通常都需要开机费，一般从几百到几千元不等。对于公司而言，这个费用可能不算高，但是对于初学者个人而言，这也是一笔不小的费用，毕竟刚开始设计的电路不经过两到三次修改很难达到要求。本书选择嘉立创贴片的原因是嘉立创不收取开机费，也不需要开钢网，可大大节省开发费用，并提高效率。

在 10.1 节中，由于"SMT 贴片选项"选择的是"不需要"，因此，这里需要单击图 10-22 中的"改为需 SMT"按钮。PCB 订单会重新由嘉立创工作人员审核。如果原本已设置开钢网，则需要重新返回至 PCB 在线下单。

图 10-22 改为需 SMT

如果在"SMT 贴片选项"中选择的是"需要"，则当嘉立创工作人员审核完毕后，可直接单击"去下 SMT"按钮，如图 10-23 所示。

图 10-23 去下 SMT

需要注意的是，嘉立创贴片目前只能贴"立创可贴片元件"，而直插元件，如排针、座子等，需要读者自己焊接。

嘉立创可贴片元件清单会不断更新，本书作者也会持续更新嘉立创可贴片元件清单，读者可关注微信公众号"卓越工程师培养系列"，随时下载。

嘉立创可贴片元件是经过严格筛选的，基本能够覆盖常用的元件，因此，读者在进行电路设计时，尽可能选择嘉立创可贴片元件，这样既能减少自己焊接的工作量，又能确保焊接的质量，大大提高电路设计和制作的效率。

在"填写订单 SMT 信息"中，需选择"贴片数量"，一般样板不需要全部贴片，建议选择 2 片即可，如图 10-24 所示。

接下来，系统会根据上传的是 PCB 源文件还是 Gerber 文件而显示不同的界面。

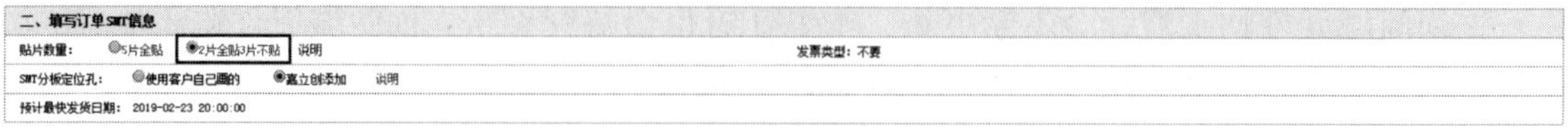

图 10-24 选择贴片数量

如果上传的是 PCB 源文件，系统会自动生成 BOM 和坐标文件，读者无须上传 BOM 和坐标文件，单击"下一步"按钮即可，如图 10-25 所示。

图 10-25 SMT 下单之上传 PCB 源文件

本书选择上传 Gerber 文件，因此需要上传 9.3 节中导出的 BOM 和 9.5 节中导出坐标文件，如图 10-26 所示。

图 10-26 SMT 下单之上传 PCB Gerber 文件

系统会自动对上传的 BOM 进行匹配，然后列出“客户 BOM 清单”。如果发现上传的 BOM 不正确，可以重新上传，如图 10-27 所示，单击“变更 BOM 清单”按钮即可。如果上传的坐标文件不正确，也可以单击“变更坐标文件”按钮重新上传。

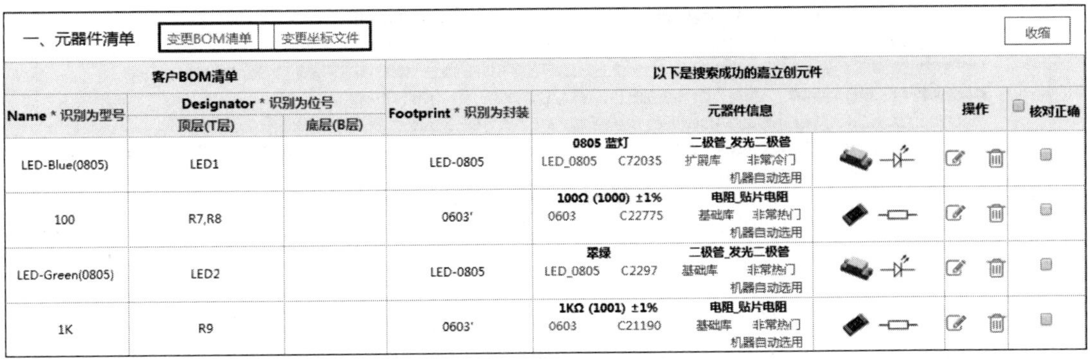

客户BOM清单				以下是搜索成功的嘉立创元件		
Name * 识别为型号	Designator * 识别为位号 顶层(T层)	Designator * 识别为位号 底层(B层)	Footprint * 识别为封装	元器件信息	操作	核对正确
LED-Blue(0805)	LED1		LED-0805	0805 蓝灯 二极管_发光二极管 LED_0805 C72035 扩展库 非常冷门 机器自动选用		
100	R7,R8		0603'	100Ω (1000) ±1% 电阻_贴片电阻 0603 C22775 基础库 非常热门 机器自动选用		
LED-Green(0805)	LED2		LED-0805	翠绿 二极管_发光二极管 LED_0805 C2297 基础库 非常热门 机器自动选用		
1K	R9		0603'	1KΩ (1001) ±1% 电阻_贴片电阻 0603 C21190 基础库 非常热门 机器自动选用		

图 10-27　变更 BOM 或坐标文件

“元器件清单”中未搜索成功的元件，都是直插元件、立创非可贴片元件或非立创元件，如图 10-28 所示，这些元件需要设计者自行购买，并手动焊接。

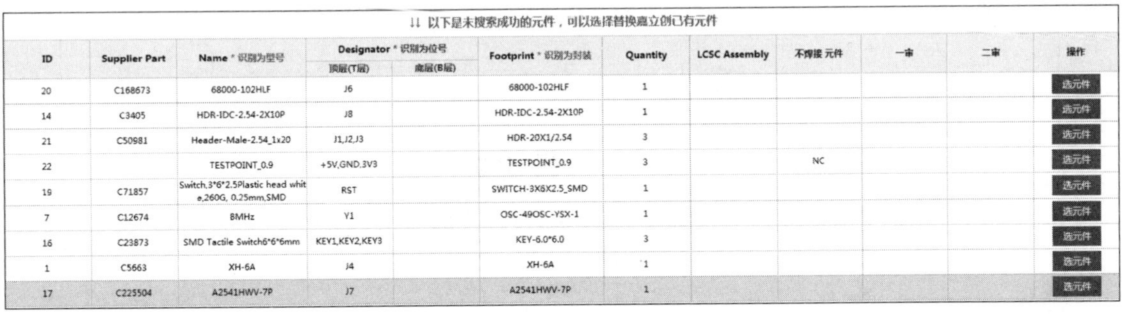

ID	Supplier Part	Name * 识别为型号	Designator * 识别为位号 顶层(T层)	Designator * 识别为位号 底层(B层)	Footprint * 识别为封装	Quantity	LCSC Assembly	不焊接 元件	一审	二审	操作
20	C168673	68000-102HLF	J6		68000-102HLF	1					选元件
14	C3405	HDR-IDC-2.54-2X10P	J8		HDR-IDC-2.54-2X10P	1					选元件
21	C50981	Header-Male-2.54_1x20	J1,J2,J3		HDR-20X1/2.54	3					选元件
22		TESTPOINT_0.9	+5V,GND,3V3		TESTPOINT_0.9	3		NC			选元件
19	C71857	Switch,3*6*2.5Plastic head white,260G, 0.25mm,SMD	RST		SWITCH-3X6X2.5_SMD	1					选元件
7	C12674	8MHz	Y1		OSC-49OSC-YSX-1	1					选元件
16	C23873	SMD Tactile Switch6*6*6mm	KEY1,KEY2,KEY3		KEY-6.0*6.0	3					选元件
1	C5663	XH-6A	J4		XH-6A	1					选元件
17	C225504	A2541HWV-7P	J7		A2541HWV-7P	1					选元件

图 10-28　替换元件

有些立创可贴片元件未被搜索成功，或可将元件替换为嘉立创已有元件时，可以通过单击“选元件”按钮替换。

核对每个元件是否正确，核对无误后在对应的“核对正确”栏中打钩，如图 10-29 所示。

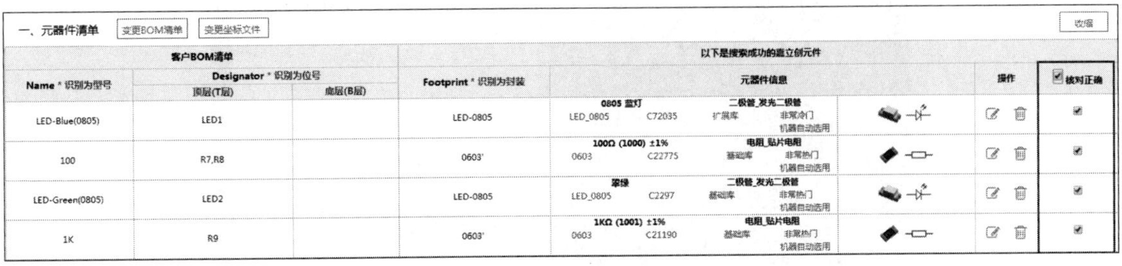

客户BOM清单				以下是搜索成功的嘉立创元件		
Name * 识别为型号	Designator * 识别为位号 顶层(T层)	Designator * 识别为位号 底层(B层)	Footprint * 识别为封装	元器件信息	操作	核对正确
LED-Blue(0805)	LED1		LED-0805	0805 蓝灯 二极管_发光二极管 LED_0805 C72035 扩展库 非常冷门 机器自动选用		☑
100	R7,R8		0603'	100Ω (1000) ±1% 电阻_贴片电阻 0603 C22775 基础库 非常热门 机器自动选用		☑
LED-Green(0805)	LED2		LED-0805	翠绿 二极管_发光二极管 LED_0805 C2297 基础库 非常热门 机器自动选用		☑
1K	R9		0603'	1KΩ (1001) ±1% 电阻_贴片电阻 0603 C21190 基础库 非常热门 机器自动选用		☑

图 10-29　核对元件

核对完毕，单击“下一步”按钮，在弹出的“需要您选择有方向（极性）零件的处理方式”对话框中，选择第一项，如图 10-30 所示。

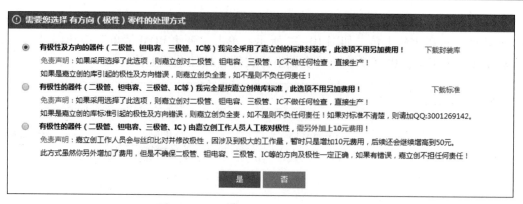

图 10-30　SMT 注意事项之有极性元件

最后，单击"确认下单"按钮就可以完成 SMT 下单，如图 10-31 所示。

图 10-31　SMT 下单完成

10.4　嘉立创下单助手

下载嘉立创下单助手（http://download.sz-jlc.com/jlchelper/release/3.2.2/JLCPcAssit_setup_3.2.2.zip），选择默认安装，登录界面如图 10-32 所示。

图 10-32　嘉立创下单助手登录界面

需要先注册账户，如果已经注册，可直接登录。登录成功界面如图 10-33 所示。

图 10-33　登录成功界面

在图 10-33 左侧单击"PCB 订单管理"按钮，然后单击"在线下单（新）"按钮进入下单系统，如图 10-34 所示。

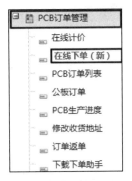

图 10-34　使用下单助手在线下单步骤 1

打开如图 10-35 所界面，可以选择重新上传文件，也可以使用已上传的文件进行下单操作。

下单助手能够识别已上传的文件，如图 10-36 示，下单助手正在识别 PCB 文件。

后续的下单流程与 10.1 节中介绍的流程相似，可参见 10.1 节完成具体操作。同样，使用嘉立创下单助手进行在线下单的流程会不断更新，本书作者也会持续更新下单流程，读者可关注微信公众号"卓越工程师培养系列"，随时下载。

图 10-35 使用下单助手在线下单步骤 2

图 10-36 使用下单助手在线下单步骤 3

 本章任务

完成本章的学习后,尝试在嘉立创网站完成 STM32 核心板的 PCB 打样下单和 SMT 下单,并尝试在立创商城采购 STM32 核心板无法进行贴片的元件。建议 PCB 打样 5 块、贴片 2 块、元件采购 3 套。

****

 本章习题

1. 在网上查找 PCB 打样的流程,简述每个流程的工艺和注意事项。
2. 在网上查找电路板贴片的流程,简述每个流程的工艺和注意事项。

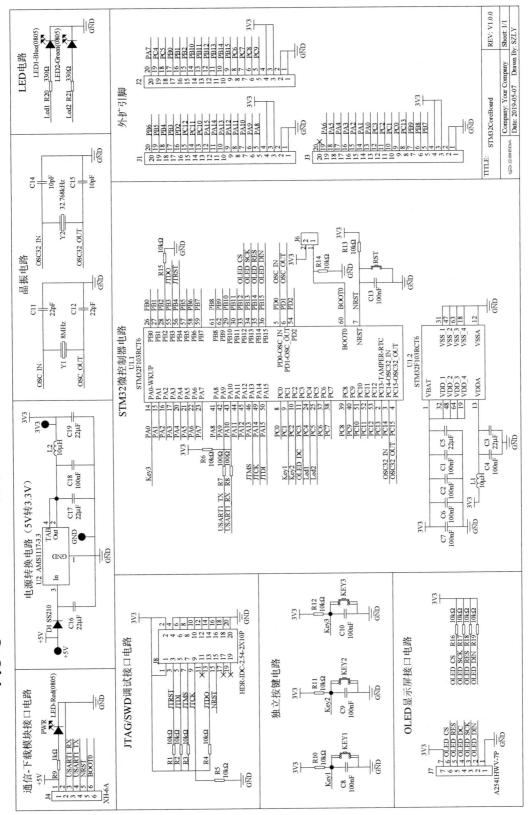

附录 STM32核心板PDF版本原理图

反侵权盗版声明

电子工业出版社依法对本作品享有专有出版权。任何未经权利人书面许可，复制、销售或通过信息网络传播本作品的行为；歪曲、篡改、剽窃本作品的行为，均违反《中华人民共和国著作权法》，其行为人应承担相应的民事责任和行政责任，构成犯罪的，将被依法追究刑事责任。

为了维护市场秩序，保护权利人的合法权益，本社将依法查处和打击侵权盗版的单位和个人。欢迎社会各界人士积极举报侵权盗版行为，本社将奖励举报有功人员，并保证举报人的信息不被泄露。

举报电话：（010）88254396；（010）88258888
传　　真：（010）88254397
E-mail：dbqq@phei.com.cn
通信地址：北京市海淀区万寿路173信箱
　　　　　电子工业出版社总编办公室
邮　　编：100036